聖賢之道

湯一介

戊子年夏

紫陽學脈

陳來題
乙未孟夏

新编国学基本教材

李耐儒◎主编

颜氏家训选读

刘 舫◎编注

上海财经大学出版社

图书在版编目(CIP)数据

颜氏家训选读/刘舫编注.—上海:上海财经大学出版社,2018.9
(新编国学基本教材)
ISBN 978-7-5642-3004-3/F·3004

Ⅰ.①颜… Ⅱ.①刘… Ⅲ.①家庭道德-中国-南北朝时代 Ⅳ.①B823.1

中国版本图书馆 CIP 数据核字(2018)第 090923 号

□ 项目统筹　台啸天
□ 责任编辑　柳萍萍
□ 书籍设计　张启帆

颜氏家训选读

刘　舫　编注

上海财经大学出版社出版发行
(上海市中山北一路 369 号　邮编 200083)
网　　址:http://www.sufep.com
电子邮箱:webmaster@sufep.com
全国新华书店经销
上海雅昌艺术印刷有限公司印刷装订
2018 年 9 月第 1 版　2018 年 9 月第 1 次印刷

890mm×1240mm　1/32　7 印张(插页:4)　157 千字
印数:0 001—3 000　定价:26.00 元

"新编国学基本教材"编辑委员会

总顾问

郭齐勇　武汉大学国学院院长　教授

学术指导

沈渭滨　秋霞圃书院首任院长　复旦大学历史系教授
王家范　华东师范大学终身教授
葛剑雄　复旦大学历史系教授
骆玉明　复旦大学中文系教授
杨国强　华东师范大学历史系教授
李佐丰　中国传媒大学文学院教授
梁　涛　中国人民大学国学院教授
赵　林　澳门科技大学特聘教授
温伟耀　香港中文大学客座教授
汪涌豪　复旦大学中文系教授
傅　杰　复旦大学中文系教授
朱青生　北京大学历史学系教授
王　博　北京大学哲学系教授
李天纲　复旦大学哲学学院教授
徐洪兴　复旦大学哲学学院教授
徐志啸　复旦大学中文系教授

林安梧　台湾慈济大学教授
周建忠　南通大学文学院教授
张　觉　上海财经大学人文学院教授
张新科　陕西师范大学文学院教授
鲍鹏山　上海开放大学传统文化研究所教授
刘　强　同济大学中文系教授
陈乔见　华东师范大学哲学系副教授
蔡志栋　上海师范大学副教授
朱　璐　上海财经大学副教授

统筹

孙劲松　向　珂

主编

李耐儒

编委（以姓氏笔画为序）

毛文琦　介江岭　可延涛　白　坤　刘乃溪
刘　舫　孙义文　李宏哲　李　凯　张二远
张　华　张　旭　张志强　张　琰　余雅汝
陆有富　房春草　须　强　赵立学　姜李勤
施仲贞　姚之均　徐　骆　晏子然　黄晓芳

本册编注

刘　舫

总　序

秋霞圃书院创办有年,在民间推动国学普及工作,志在以独立之精神、自由之思想为宗旨,促进古今中外文化思想与学术的交流,为中华民族文化的复兴而尽心尽力。其志可嘉,其行可感!

近年,秋霞圃书院耐儒兄主持编撰"新编国学基本教材"。本套国学教材集复旦大学、武汉大学、南开大学、中山大学、华东师范大学、上海师范大学等名牌院校的二十多名青年学人,采各种版本的国学读本之长,广泛吸取中小学一线语文教师的教学经验,精心编撰,是中小学生比较理想的国学读本,也是便于教师们使用的、较为系统的国学教材。

读本的篇目有:《弟子规》《三字经》《千字文》《千家诗选读》《幼学琼林》《诗词格律》《唐诗选读》《宋词选读》《论语(上)》《论语(下)》《史记选读(上)》《史记选读(下)》《大学 中庸》《诗经选读》《孟子(上)》《孟子(下)》《左传选读(上)》《左传选读(下)》《颜氏家训选读》《老子 庄子选读》《墨子 荀子 韩非子选读》《汉魏六朝诗文选》《唐宋文选》《礼记选读》《楚辞选读》《声律启蒙》《笠翁对韵》。每册有指导性概述,有经典原文,有对原文的注释与译文(赏析),并配上文史链接(延伸阅读)、思考讨论等,图文并茂,准确生动,具有可读性与系统性。

梁启超先生说过，《论语》《孟子》等经典"是两千年国人思想的总源泉，支配着中国人的内外生活，其中有益身心的圣哲格言，一部分久已在我们全社会形成共同意识，我们既做这社会的一分子，总要彻底了解它，才不致和共同意识生隔阂"。这就是说，"四书"等经典表达了以"仁爱"为中心的"仁、义、礼、智、信"等中华民族的核心价值观念，这是中国古代老百姓的日用常行之道，人们就是按此信念而生活的。

中国文化的大传统与小传统是打通了的。国学具有平民化与草根性的特点。中国民间流传着的谚语是："勿以善小而不为，勿以恶小而为之"；"老吾老以及人之老，幼吾幼以及人之幼"；"积善之家，必有余庆；积不善之家，必有余殃"。这些来自中国经典的精神，透过《弟子规》《三字经》《百家姓》《千字文》《千家诗》等蒙学读物及家训、族规、乡约、谱牒、善书，通过大众口耳相传的韵语故事、俚曲戏文、常言俗话，成为"百姓日用而不知"的言行规范。

南宋以后在我国与东亚的民间社会流传甚广、深入人心的朱熹《家训》说："事师长贵乎礼也，交朋友贵乎信也。见老者，敬之；见幼者，爱之。有德者，年虽下于我，我必尊之；不肖者，年虽高于我，我必远之。""人有小过，含容而忍之；人有大过，以理而谕之。勿以善小而不为，勿以恶小而为之。"又说："勿损人而利己，勿妒贤而嫉能。勿称忿而报横逆，勿非礼而害物命。见不义之财勿取，遇合理之事则从……子孙不可不教，童仆不可不恤。斯文不可不敬，患难不可不扶。"朱子说此乃日用常行之道，人不可一日无也。应当说，这些内容来源于诗书礼乐之教、孔孟之道，又十分贴近大众。它内蕴着个人与社会的道德，长期以来成为老百姓的生活哲学。

王应麟的《三字经》开宗明义:"人之初,性本善。性相近,习相远。苟不教,性乃迁。教之道,贵以专。"这就把孔子、孟子、荀子关于人性的看法以简化的方式表达了出来。儒家强调性善,又强调人性的养育与训练。

清代李毓秀的《弟子规》总序说:"弟子规,圣人训。首孝悌,次谨信。泛爱众,而亲仁,有余力,则学文。"以下分成"入则孝""出则悌""谨而信""泛爱众而亲仁"等几部分。这些纲目都来自《论语》。《弟子规》中对孩童举止方面的一些要求,如站立时昂首挺胸、双腿站直,见到长辈主动行礼问好,开门关门轻手轻脚,不用力甩门等,这些规范都是文明人起码应有的,是尊重他人而又自尊的体现。又如:"晨必盥,兼漱口,便溺回,辄净手。冠必正,纽必结,袜与履,俱紧切。""斗闹场,绝勿近,邪僻事,绝勿问。将入门,问孰存,将上堂,声必扬。""用人物,须明求,倘不问,即为偷。借人物,及时还,后有急,借不难。"这都是有助于文明社会的建构的,是文明人的生活习惯,也是今天社会公德的基础。

朱柏庐在《朱子治家格言》起首的一段说:"黎明即起,洒扫庭除,要内外整洁;既昏便息,关锁门户,必亲自检点。一粥一饭,当思来处不易;半丝半缕,恒念物力维艰。"这些都是平实不过的道理,体现到一个人身上就是他的家教。旧时骂人,说某某没有家教,那是很重的话,让其全家蒙羞。我们不是要让青少年一定要做多少家务,而是要他们从小学就动手打理好自己与家庭的事情,不要过分依赖父母、依赖他人,能够自己挺立起来,培养责任意识。同时,让他们知道一粥一饭、半丝半缕都是辛劳所得,我们要懂得去尊重家长与别人的劳动。如果我们真的有敬畏之心,就知道珍惜,不应该浪费。

南开中学的前身天津私立中学堂成立于 1904 年 10 月,老校长严范孙亲笔写下"容止格言":"面必净,发必理,衣必整,纽必结。头容正,肩容平,胸容宽,背容直。气象:勿傲,勿暴,勿怠。颜色:宜和,宜静,宜庄。"这四十字箴言来自蒙学,又是该校对学生容貌、行止的基本要求。校内设整容镜,师生进校时都要照镜正容色。后来张伯苓先生治校,坚持了这些做法。

蔡元培先生在留德期间撰写了《中学修身教科书》,该书被商务印书馆于 1912 年至 1921 年间共印行了十六版,他还为赴法华工写了《华工学校讲义》,两书影响甚大,今人将其合为《国民修养二种》一书。蔡先生在民国初年为中学生与赴法劳工写教科书,重视社会基层的公民教育。蔡先生的用心颇值得我们重视,他从孝敬父母谈起,创造性地转化本土的文化资源,特别是以儒家道德资源来为近代转型的中国社会的公德建设与公民教育服务。

现今南京夫子庙小学的校训是"亲仁、尚礼、志学、善艺"。我认为这是非常好的。对孩童、少年的教育,首先是培养健康的心性才情,从日常生活习惯,从待人接物开始,学会自重与尊重别人。

我们今天强调成人教育,因为仅有成才教育是不够的,成才教育忽略了我们作为完整的人、健康的人所必需的一些素养,它在人格养成方面几乎是空白的。这不是大学教育才有的问题,而是幼儿园、中小学教育就该关注的。培养青少年的性情,需要家庭、学校、社会的配合。

国学当中有很多修身成德、培养君子人格的内容。中国古典的教育,其实就是博雅教育。传统的教育并不是道德说教,也不是填鸭式满堂灌的教育,而是春风化雨似的,让学生在点滴中有所收获并自己体验,如诗教、礼教、乐教等。

我觉得应该让孩子们处在良好的文化氛围中。家长、老师们要以身作则、言传身教,这对孩子们影响很大。家长、老师们有义务端正自己的言行,尤其在孩子们面前。要培养孩子分辨是非的能力,多在性情教育上下功夫,关注孩子的心理健康,多与孩子交流,洞察他们的情感,并做正确的引导。现在一些家长做不到以身作则,他们撒谎骗人,打骂斗狠,不尊重老人,这些都会给孩子的成长烙下负面的印记。

我们也希望同学们能趁着年轻记性好,多读些经典,最好能背诵一些,其中的意思以后可以慢慢领悟。南宋思想家陈亮说过:"童子以记诵为能,少壮以学识为本,老成以德业为重……故君子之道不以其所已能者为足,而尝以其未能者为歉,一日课一日之功,月异而岁不同,孜孜矻矻,死而后已。"

本丛书所收经典与蒙学读物中有很多圣哲格言,都足以让我们受用终身。我们一直希望能有多一些的国学经典进入中小学课堂,至少让"四书"进入教材。我们希望能多一些国文课,让中小学生能接受到系统的传统语言与文化教育。中华民族有很多优根性,更需大大弘扬。

是为序。

郭齐勇
癸巳春于珞珈山

弟子训

一、怀真善之本,爱父母、爱师友、爱国家、爱民族、爱人类、爱地球上的万物。珍惜生命、健康、亲情和时间。

二、每日诵读经典十分钟,每周必有一日研习国学,以此成为生活的习惯。

三、学以致用,知行合一,以磨炼来坚定自己的意志,以反省来修养自己的性情。意志与性情将会决定自己将来的学业与事业之一切。

四、追求广博的智识,对中外文化有了解,对社会事业有贡献。

五、经常锻炼身体,培养劳作的兴趣和艺术的修养。

六、学会谦让,经常说"您好""对不起""谢谢",是我们最基本的教养。

七、生活衣食器用当俭朴,不攀比、不崇侈;给需要帮助的人提供力所能及的帮助。

八、学会自己的事情自己做;允诺的事情,要尽力做到。

九、逐渐养成独立的人格,思想不盲从;如果内心有信仰,要坚卓而恒久。

十、任何时候都充满自信,在力行中实现自己追求的美好理想。

目 录

总 序 …………………………………………… 001

弟子训 …………………………………………… 001

概 述 …………………………………………… 001

第一章 …………………………………………… 006

　序致第一 ·· 006

　教子第二 ·· 012

　兄弟第三 ·· 019

　后娶第四 ·· 025

　治家第五 ·· 031

第二章 …………………………………………… 039

　风操第六 ·· 039

　慕贤第七 ·· 062

第三章　069

勉学第八 ………………………………………… 069

第四章　094

文章第九 ………………………………………… 094

名实第十 ………………………………………… 105

涉务第十一 ……………………………………… 113

第五章　119

省事第十二 ……………………………………… 119

止足第十三 ……………………………………… 128

诫兵第十四 ……………………………………… 132

养生第十五 ……………………………………… 136

归心第十六 ……………………………………… 143

第六章　155

书证第十七 ……………………………………… 155

第七章　172

音辞第十八 ……………………………………… 172

杂艺第十九 ……………………………………… 180

终制第二十 ·················· 192

跋：古典的回归与文化自觉 204

概　述

颜之推（公元531—595年），字介，琅琊临沂（今山东临沂）人。南北朝时期著名的文学家和教育家，曾在北齐官至黄门侍郎，是皇帝的近侍之臣，所以后人以黄门侍郎称呼他。颜之推所著的《颜氏家训》是我国第一部内容比较完整的家训，被称为古今家训之祖，内容涵盖了古代读书人立身处世的方方面面，从中可以窥见南北朝的社会风貌，也可以了解整个古代历史中读书人的典型生活形态。颜之推的生平在任何一本介绍古代明贤的书里都可以找到，而《颜氏家训》在任何一本介绍古代经典的书中也占有一席之地，我们把这些介绍暂且作为一个小小的功课请读者们自己去找一找，这里就不赘述了。

颜之推像

一定要把《颜氏家训》与颜之推一生的曲折经历找出一一对

应的关系,恐怕不是我们读书的目的,这也是我们不多费笔墨在作者生平的用意。《颜氏家训》不仅是颜之推以颜家子孙为读者所写的一本书,更是一段可以引发我们兴趣和思考的古代生活画卷。且不管它的"经典"头衔,在这本书里我们到底要看什么?

古代人的家庭教育

家庭是古代社会最重要的单位,重要的程度就好比我们今天说的"组织"一样。每个人在精神上都应该属于一个组织。封建国家中地位最高的是皇室家族,以下则是千千万万个家庭。人降生在这个世界上,首先成为某个家庭中的一员,按照血缘有了固定的位置,最基本的人际关系由此建立,所以家庭教育是从伦常开始的。颜之推出生在一个世代为官的家庭,在有科举制度以前,官位是可以世袭的,所以,《家训》是以官宦人家的子弟为教育对象的。一个从小生活在优渥家境中的孩子,到了二十多岁就要去做官,他的知识和品行的形成全依赖家庭教育,可见家庭教育肩负的责任非同小可。所以《家训》相当于戒律,是要严格遵守和维护的,时常还配有相应的惩罚措施,而不是现在父母对孩子的叮咛唠叨。我们读《颜氏家训》的时候,切不可以为"那只是说说而已""对家人怎么可能认真"。认真地领受家训的规诫,并传续给后辈,体现着家族的优秀传统,而这样的遗风在现代社会中也并非完全丧失,只是不再作为普遍的做法。

古代人的思想世界

人们津津乐道的"孔孟之道""儒家正统"云云无论什么时候都不是古代人的全部想法。《颜氏家训》总被后代人指为内容不纯,因为其中还羼入了道家、佛家的思想。然而,正是因为其中各种思想的杂陈,才反映出古代社会真正的思想状态。"五经"是读书人的必修科目,里面不但有人伦道义,还有关于世界的各种知识:《诗经》里的动植物,《尚书》里的古代历史,《礼经》里的典礼仪式,《周易》里的天文地理,《春秋》里的好恶评判;除此之外,道家的高蹈和睿智,佛家的超然和洞透,这些都令人折服,吸引人去深究一番。古人的世界和今天的世界一样丰富,他们同样面临各种诱惑和问题,但他们寻求解决的依据是和我们不一样的。且不要去管哪些是"好的",哪些是"坏的",请保持你的好奇,收集每一块思想的碎片,做一幅古代世界的拼图。

现代人的缺憾

很多现代人知识虽多,但教养很浅。有些东西我们觉得不学也应该会,但等到用时却束手无策。人们时常在摩擦、失败、纠结中才懂得人生的道理,而《颜氏家训》把这些都预先整理好教给了子孙。他写的不是知识,而是道理。诚然,道理不能替代实际的遭遇,但没有接受过教导绝不能从容应对遭遇。古人认为一个人最重要的不是拥有财富或权力,也不是掌握卓绝的技能,而是完成自己,也就是通过学习和实践,把上天赋予人类的灵明全部发

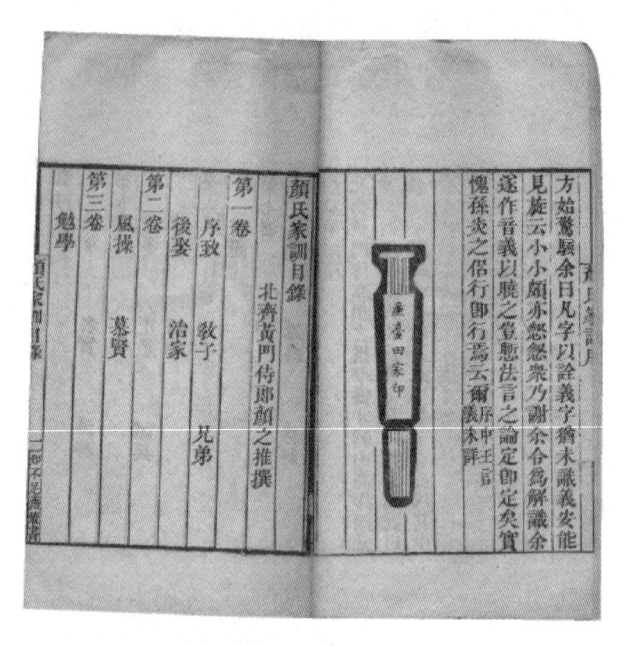

知不足斋丛书书影

掘出来，包括自我认识、知足而止、深谋远虑、张弛有度等等。这些都是要克服感官的无穷欲望才能实现的，是无法借助外力的内在的体验，也就是所谓的"很高的境界"，或者"强大的内心"。这些不是不学而能，也不是靠跌倒就能领悟的，而是通过教化才能养成的。《颜氏家训》很细致地把这样的教育分门别类，从中可以看到古人对教养的认识是很深刻的。

《颜氏家训》全书共二十篇，按内容多少大致均分为七章，多的有五篇成一章的，少的则单篇成一章。每篇的内容紧紧围绕篇名展开，篇与篇之间相互独立，分别讲述人生际遇的某一个方面，如此前后连缀成书。读完这本书，如果你希望自己的家里也有一部《家训》,或者你要为自己的子孙写一本《家训》,也许读《颜氏家训》的目的就达到了。谁家的家训并不重要,真理不属于任何一个小家,而属于敏于求真的大家。

本书为节选本,原文参照了《颜氏家训》(四部备要本),注释主要参考了王利器先生的《颜氏家训集解》。

第一章

序致第一

夫圣贤之书,教人诚孝[1],慎言检迹[2],立身扬名,亦已备矣。

注释

[1]诚孝:即忠孝,为避隋文帝之父杨忠的名讳,改"忠"为"诚"。　[2]迹:行为。

译文

圣贤的著作,教导人们尽忠行孝,说话谨慎,行为检点,成就事业,播扬名声,所有这些都已讲得很周全。

魏、晋已来，所著诸子[1]，理重事复，递相模敩[2]，犹屋下架屋，床上施床耳[3]。吾今所以复为此者，非敢轨物范世也，业以整齐门内，提撕子孙[4]。

注释

[1]诸子：狭义的"诸子"专指先秦诸子及他们的著作，如儒家的《孟子》《荀子》，墨家的《墨子》，道家的《老子》《庄子》，法家的《韩非子》等。这里指魏晋以来的各家著作，如荀悦《申鉴》、徐干《中论》等。　[2]敩：同"效"，仿效。　[3]屋下架屋，床上施床：比喻没有意义的重复。　[4]提撕：提携点拨。

译文

魏晋以来的诸子著作，道理重复，内容因袭，互相模仿效法，真好比屋下架屋，床上安床。如今我写这部《家训》，并非要为世人接物处世立什么规范，只是旨在整顿家门，教诲子孙。

吾家风教，素为整密[1]。昔在龆龀[2]，便蒙诱诲。每从两兄，晓夕温凊[3]，规行矩步，安辞定色，锵锵翼翼[4]，若朝严君焉[5]。赐以优言，问所好尚,励短引长,莫不恳笃[6]。

注释

[1]素:平素,一向。 [2]龆龀(tiáo chèn):儿童换齿时,指童年。 [3]温凊(qìng):冬温夏凊的简称,冬天温被使暖,夏天扇席使凉,指侍奉父母之礼。 [4]锵锵翼翼:步履有节,庄重恭敬的样子。 [5]朝:专指臣见君。 [6]恳笃:诚挚敦厚。

译文

我家的家教,向来严肃周详。早在我童年之时,就受到劝导和教诲。我经常跟随两位哥哥,早晚侍奉双亲,冬日暖被,夏日凉席,行为谨慎,举止端方,言语安详,神色平和,庄重恭敬,好似去朝见尊严的君上。双亲对我言语温和,关心我的兴趣爱好,鼓励我克服短处、发扬长处,总是恳切敦厚。

追思平昔之指[1],铭肌镂骨[2],非徒古书之诫,经目过耳也。故留此二十篇,以为汝曹后车耳[3]。

注释

[1]指:通"旨",意愿志趣。　[2]铭肌镂骨:感念特深,有如刻之于肌骨。　[3]后车:"前车之覆,后车之鉴"的省称。

译文

回想起我平生的意愿志趣,刻骨铭心,不是仅仅把古书上的训诫用眼睛看一遍,用耳朵听一遍所能比的。于是写下这二十篇,以作为你们(子孙们)的后车之鉴吧。

延伸阅读

《颜氏家训》开篇就讲读"圣贤之书"。圣贤的书里讲的既不是天文也不是地理,既不是科学也不是艺术,而是做人的道理。在今天看来这些也许在小学的思想品德课就可以全部学完的内容,颜之推却要以如此庄重严肃的方式,留给他的子孙,这就是古人对人生的理解——最重要的不是爵位、财富、才艺,而是作为一个人,是否能够实现生而为人的全部德行,也就是体认到只有人才能感觉到的世界图景,不是山水鸟兽、红蓝黄绿,而是善、恶、美、丑、高雅、低俗等等。这些是要通过不断学习、反复琢磨才能感悟到的,而读书的目的正在于此。南宋大思想家朱熹的《读书法》告诉我们如何从平面的文字中看到一个智慧的世界,里面有"道理""工夫""义理",读书就是求道,让我们带着朱夫子赠予的利器,去开掘这座宝藏吧!

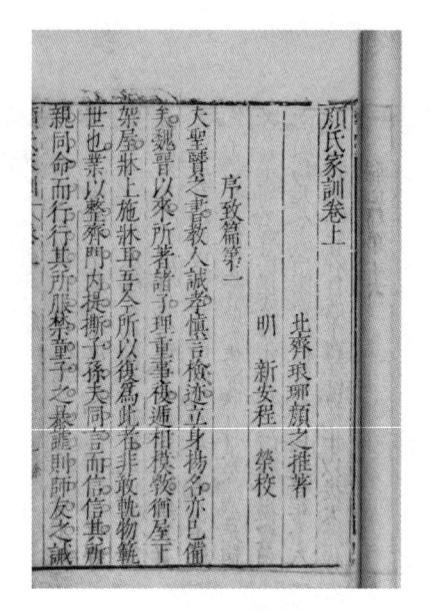

《颜氏家训》书影

朱熹论读书(节选)

　　读书已是第二义。盖人生道理合下完具,所以要读书者,盖是未曾经历见许多,圣人是经历见得许多,所以写在册上与人看。而今读书,只是要见得许多道理。及理会得了,又皆是自家合下元有底,不是外面旋添得来。

　　学问,无贤愚,无小大,无贵贱,自是人合理会底事。且如圣贤不生,无许多书册,无许多发明,不成不去理会!也只当理会。今有圣贤言语,有许多文字,却不去做。师友只是发明得。人若不自向前,师友如何著得力!

　　今读书紧要,是要看圣人教人做工夫处是如何。如用药治病,须看这病是如何发,合用何方治之;方中使何药材,何者几两,何者几分,如何炮,如何炙,如何制,如何切,如何煎,如何吃,只如此而已。

读书看义理,须是胸次放开,磊落明快,恁地去。第一不可先责效。才责效,便有忧愁底意。只管如此,胸中便结聚一饼子不散。今且放置闲事,不要闲思量。只专心去玩味义理,便会心精;心精,便会熟。

读书,放宽著心,道理自会出来。若忧愁迫切,道理终无缘得出来。

读书,只逐段逐些仔细理会。小儿读书所以记得,是渠不识后面字,只专读一进耳。今人读书,只鹘鹘读去。假饶读得十遍,是读得十遍不曾理会得底书耳。"得寸,则王之寸也;得尺,则王之尺也。"读书当如此。

读书,小作课程,大施功力。如会读得二百字,只读得一百字,却于百字中猛施工夫,理会仔细,读诵教熟。如此,不会记性人自记得,无识性人亦理会得。若泛泛然念多,只是皆无益耳。读书,不可以兼看未读者。却当兼看已读者。

读书不可贪多,且要精熟。如今日看得一板,且看半板,将那精力来更看前半板,两边如此,方看得熟。直须看得古人意思出,方好。

今人读书,看未到这里,心已在后面;才看到这里,便欲舍去了。如今,只是不求自家晓解。须是徘徊顾恋,如不欲舍去,方会认得。

(选自《朱子语类·读书法上》)

教子第二

父母威严而有慈,则子女畏慎而生孝矣[1]。吾见世间,无教而有爱,每不能然;饮食运为[2],恣其所欲[3],宜诫翻奖[4],应诃反笑[5],至有识知,谓法当尔。

注释

[1]畏慎:害怕谨慎。　[2]运为:即云为,所作所为。[3]恣(zì):放纵,听任。　[4]翻:相反的。　[5]诃(hē):怒叱,大声喝问。

译文

父母威严而又慈祥,子女自然敬畏慎行,且懂得行孝。世间有些父母,不教育孩子只知道溺爱,我常常不以为然。他们听凭孩子为所欲为,该训诫时却褒奖,该止斥时却微笑默许,等到孩子长大懂事,还以为按道理本当如此。

凡人不能教子女者,亦非欲陷其罪恶,但重于诃怒伤其颜色,不忍楚挞惨其肌肤耳[1]。当以疾病为谕[2],安得不用汤药针艾救之哉[3]?又宜思勤督训者[4],可愿苛虐于骨肉乎?诚不得已也。

注释

[1]楚挞:古代刑杖称为楚,楚挞指用刑杖打人。　[2]谕(yù):同"喻"。　[3]针艾:针灸和艾熏。　[4]督训:督查训诫。

译文

那些不能胜任教育子女的家长,本意不是将孩子推入歧途、将来为非作歹,而是顾虑到严厉的呵斥使他们神色惶恐,更不忍心动手让孩子受皮肉之苦。这好比人如果得了病,不吃药治疗,如何能够治得好?再者,那些经常督促管教孩子的父母,难道愿意苛责虐待自己的亲生骨肉吗?实在是没有办法,必须如此教育啊!

父子之严,不可以狎[1];骨肉之爱,不可以简。简则慈孝不接[2],狎则怠慢生焉。由命士以上[3],父子异宫[4],此不狎之道也;抑搔痒痛,悬衾箧枕[5],此不简之教也。

注释

[1]狎(xiá):因亲近而不庄重。　[2]慈孝不接:接,会合。本应父慈子孝,慈孝不接指慈和孝都没有做好。　[3]命士:古时受册命的官,士分上士、中士、下士,其位次于大夫。　[4]宫:房屋的通称。　[5]悬衾箧(qiè)枕:把被子挂在一边,把枕头收进衣箱。

译文

父亲与孩子之间应当严肃,不能太亲近而失去了庄重。骨肉之间的亲情,不能太简慢而疏忽了礼节。没有一定的礼节,父慈子孝就无从体现,过分亲近就会生出放肆不敬之心。所以古代士以上身份的人,父亲和孩子并不居住在同一房间内,这是为了防止过于亲近;而晚辈对长辈嘘寒问暖,为他们整理卧具,这是讲究礼节的教育。

盖君子之不亲教其子也。《诗》有讽刺之辞[1],《礼》有嫌疑之诫,《书》有悖乱之事[2],《春秋》有邪僻之讥[3],《易》有备物之象。皆非父子之可通言,故不亲授耳。

注释

[1]《诗》:与《书》《礼》《春秋》《易》统称为"五经",是古代读书人必修的五部经典。　[2]悖乱:惑乱。　[3]邪僻:乖戾不正。

译文

知书达理的人并不亲自教育他们的孩子。因为古代的经典《诗经》有讽喻的文辞,《礼经》有杜嫌绝疑的箴诫,《尚书》有悖礼作乱的历史,《春秋》有对不正当行为的讥刺,《易经》有包容万物的卦象。这些内容不可能依靠父子间的授受,所以父亲不亲自教育孩子。

人之爱子,罕亦能均;自古及今,此弊多矣。贤俊者自可赏爱,顽鲁者亦当矜怜[1]。有偏宠者,虽欲以厚之,更所以祸之。

注释

[1]顽鲁:顽劣和愚钝。矜:怜悯。

译文

常人大都不能对自己所有的孩子给予一样多的爱,这种情况造成了从古到今多少弊病。贤良优秀的孩子自然讨人喜爱,但对顽劣愚钝的孩子也应怜悯爱惜。父母因为偏爱,想厚待孩子,反而因此埋下了祸患的种子。

延伸阅读

家庭中的子女教育问题,古人和今人有太多的共鸣了,今人不但感叹于古人的深谋远虑,更对其遵循的思想和采用的方法颇感兴趣。《颜氏家训》将《教子》置于篇首,可见教育在家庭生活中为重中之重,这可以被认为是一个"传统"。然而,这个传统中的有些做法可能不再沿用,其结果是教育的成果也随时代的变化而变化。

比如,父母与子女的关系中,古代的父亲对于子女来说是高高在上,毫无亲昵可言的,因为古人认为,父与子是尊与卑的关系,所以父亲总是吝啬于赞扬孩子,而对孩子的小小过失却会小题大做;现在的父母对子女,提倡平等和民主的越来越多,并因为有亲密无间的家人关系而引以为傲,孩子的意见越发得到重视。当孩子犯错的时候,家长在教训孩子的同时更多的是自责。又比如,在教育子女的成果方面,古代人以孩子能忠君孝长为成功,注重孩子的言行品德,并希望他们能以此为志;现代人在注重孩子品行的同时,更以孩子能干一番事业为成功,注重培养孩子的能力技艺。这种变化当然是因为古今社会对人的要求有所差别,但是对于孩子在品行方面的教育无疑是趋弱的。古代仕宦之家在教育孩子时,尤其重视"请先生",请来的先生往往并非什么大人物,甚至是一介寒门,但必定都是风骨高隽者,可见品德的言传身教比知识的增长更为古人所重。我们不妨来看看古人眼中的"成功的教育"。

卫国二公子

初,卫宣公烝于夷姜,生急子,属诸右公子。为之娶于齐而美,公取之,生寿及朔,属寿于左公子。夷姜缢,宣姜与公子朔构急子。公使诸齐,使盗待诸莘,将杀之。寿子告之,使行。不可,曰:"弃父之命,恶用子矣!有无父之国则可也。"及行,饮以酒,寿子载其旌以先,盗杀之。急子至,曰:"我之求也。此何罪?请杀我乎!"又杀之。

(选自《左传·桓公十六年》)

晋狐突

九月晋惠公卒,怀公命无从亡人。期,期而不至,无赦。狐突之子毛及偃从重耳在秦,弗召。冬,怀公执狐突曰:"子来则免。"对曰:"子之能仕,父教之忠,古之制也。策名委质,贰乃辟也。今臣之子,名在重耳,有年数矣。若又召之,教之贰也。父教子贰,何以事君?刑之不滥,君之明也,臣之愿也。淫刑以逞,谁则无罪？臣闻命矣。"乃杀之。

（选自《左传·僖公二十三年》）

晋世子申生

晋献公将杀其世子申生，公子重耳谓之曰："子盖言子之志于公乎？"世子曰："不可，君安骊姬，是我伤公之心也。"曰："然则盖行乎？"世子曰："不可，君谓我欲弑君也，天下岂有无父之国哉！吾何行如之？"使人辞于狐突曰："申生有罪，不念伯氏之言也，以至于死，申生不敢爱其死。虽然，吾君老矣，子少，国家多难，伯氏不出而图吾君，伯氏苟出而图吾君，申生受赐而死。"再拜稽首，乃卒。是以为恭世子也。

（选自《礼记·檀弓》）

诫子书

夫君子之行，静以修身，俭以养德。非澹泊无以明志，非宁静无以致远。夫学须静也，才须学也。非学无以广才，非志无以成学。怠慢则不能励精，险躁则不能冶性。年与时驰，意与日去，遂成枯落，多不接世，悲守穷庐，将复何及！（选自《诸葛亮集》）

思考讨论

1. 在你接受的家庭教育中，有没有产生过为什么"快乐的事情总是被禁止，吃苦的事情却偏要被鼓励"的疑惑？

2. 你佩服那些克服贪玩、安逸，一心努力学习各种本领的同龄人吗？你觉得他们是生来如此，还是因为家庭教育的关系？

兄弟第三

兄弟者,分形连气之人也。方其幼也,父母左提右挈[1],前襟后裾[2],食则同案,衣则传服,学则连业,游则共方,虽有悖乱之人,不能不相爱也。

注释

[1]左提右挈(qiè):比喻共相扶持。也形容父母对子女的照顾。挈,带领。 [2]前襟后裾(jū):古人穿的上衣的前幅为"襟",后幅为"裾",这里比喻兄弟从小亲密无间。

译文

兄弟是虽然身体分开但气息相通的人。当他们年幼的时候,父母左手牵一个,右手拉一个,这个牵着父母衣服的前襟,那个拉着后摆。吃饭是在同一张桌案上,穿的衣服是哥哥传给弟弟,弟弟学着哥哥学过的课业,游学也是在同一个地方。纵使有荒唐胡闹的行为,兄弟之间也不会不相亲相爱。

及其壮也,各妻其妻,各子其子,虽有笃厚之人,不能不少衰也。娣姒之比兄弟[1],则疏薄矣;

今使疏薄之人，而节量亲厚之恩，犹方底而圆盖，必不合矣。惟友悌深至[2]，不为旁人之所移者，免夫！

注释

[1]娣姒(dì sì)：兄弟之妻的相互称呼，即妯娌。　[2]悌(tì)：敬爱哥哥，引申为顺从长上。

译文

等到兄弟长大了，各自成家立业，娶妻生子，即使再执着敦厚的人，对兄弟的感情比小时候总要差一些。至于兄弟之妻间的关系与兄弟相比，又更疏远淡薄了。如今要求感情疏远的人来处置兄弟间的深厚感情，好比方形的器皿配上圆形的盖子，一定不合适。只有兄弟之间情谊深厚，才不会被旁人的所作所为所动摇啊！

二亲既殁[1]，兄弟相顾，当如形之与影，声之与响[2]。爱先人之遗体[3]，惜己身之分气[4]，非兄弟何念哉？兄弟之际，异于他人，望深则易怨，地亲则易弭[5]。譬犹居室，一穴则塞之，一隙则涂之,则无颓毁之虑。如雀鼠之不恤,风雨之不防,壁陷楹沦[6],无可救矣。

注释

[1]殁(mò):死亡。 [2]响:回声。 [3]先人之遗体:指兄弟都是父母所生,仿佛是从父母身上分离出来的。 [4]己身之分气:指兄弟"连气",都是受自父母,同宗同源。 [5]弭(mǐ):平息,停止,消除。 [6]楹(yíng):堂屋前部的柱子。

译文

如果双亲都已去世,只有兄弟相依为命,就好比身形与影子,声音与回声一样。在这样的情况下,疼爱父母所生的同胞,与自己流着同一血脉的,除了兄弟还能有谁?兄弟之间的感情与对外人的不一样,期望过高就容易有埋怨,但很快又可以消除隔阂。好比居住的房屋,有一个洞就堵上,有一道缝隙就填好,不会有倾塌的危险。而如果鸟雀和老鼠都在房子里安家,又不去理会刮风下雨,就会墙坏柱断,无可挽回了。

兄弟不睦,则子侄不爱;子侄不爱,则群从疏薄[1];群从疏薄,则僮仆为雠敌矣[2]。如此,则行路皆踏其面而蹈其心[3],谁救之哉?人或交天下之士，皆有欢爱，而失敬于兄者，何其能多而不能少也！人或将数万之师，得其死力，而失恩于弟者，何其能疏而不能亲也！

注释

[1]群从：指自己的兄弟姐妹的孩子们。　[2]雠(chóu)敌：仇敌。　[3]蹋(jí)：践踏。蹈：践踏。

译文

兄弟不和睦，子侄就不友爱；子侄不友爱，家族里子辈们就疏远淡漠；子辈们疏远了，跟着的僮仆就成了敌人。这样一来，即便是过往路人也可以随意欺侮他们、鄙薄他们，谁能够救助他们呢？有的人与天下众士结交，可以欢乐相处，却不能敬重自己的兄长，为什么对多数人可以做到，对少数人却不行呢！有的人可以统帅数万人的大军，取得他们以死相助的信任，却不能疼爱自己的弟弟，为什么对关系疏远的人可以做到，而对关系亲密的人却不行呢！

人之事兄，不可同于事父，何怨爱弟不及爱子乎？是反照而不明也。

译文

人侍奉兄长,不能等同于侍奉父亲,那又怎么能抱怨兄长爱自己不如爱他的孩子那样深呢?由此反观,可以看出自己不够明达。

延伸阅读

兄弟是古代人伦关系中非常重要的一伦,是指同辈之间的长幼关系,也包括了姐弟、兄妹和姐妹的关系。在古人的家族中,一个辈分里有多个兄弟姐妹是很常见的,而一个家族的兴衰荣辱时常由同辈间的恩怨引起,因为父子大伦是很分明的,而兄弟一伦中,牵扯嫡庶(正室所出与侧室所出)的因素,就会起争执、生嫌隙,出现各种问题。《颜氏家训》将《兄弟篇》紧接在《教子篇》之后,表明古代家族除了嫡系的祖—祢—我—子—孙的主干外,旁系的支撑也是非常重要的。嫡系的主干正直公允,受到旁系各辈分兄弟的爱戴,就会家族兴旺,延续绵长,反之则分崩离析,家不成家。因为古代社会不像现代社会分工如此明细,时常是一个家族就形成一个生产单位,自给自足,所有人的生活靠大家齐心协力才能维系,既要有强有力的领袖,也要有忠诚能干的助手。兄弟之间不仅有出于血缘的温情,更有来自同一家族的责任和义务需要承当。湖州蔡振绅先生于1930年编辑的《八德须知全集》中记载了一些兄爱弟悌的小故事,虽然简短却十分动人,我们从中可以感受一下古人的同胞之情。

姜肱大被

汉姜肱,字伯淮。与二弟仲海季江,友爱天至。虽各娶,不忍别寝,作大被同眠。尝偕诣郡,夜遇盗,欲杀之,兄弟争死。贼两释焉,但掠衣资。至郡,见肱无衣,问其故。肱托以他词,终不言。盗闻感悔。诣肱叩谢,还所掠物。

司马光爱兄

宋司马温公,名光,字君实。孝友忠信,为一代名儒贤相。与其兄伯康名旦,友爱甚笃。伯康年八十,公奉之如严父,保之如婴儿。每食少顷,则问曰,得无饥乎。天少冷,则抚其背曰,衣得无薄乎。

缪肜自挝

汉缪肜,字豫公。少孤,兄弟四人同居。及各娶妻,诸妇遂求分异,数有争斗之言,肜愤叹。乃掩户自挝曰:缪肜,汝修身谨行,学圣人之法,将以齐整风俗,奈何不能正其家乎。弟及诸妇闻之,悉叩头谢罪,更为敦睦。

田真哭荆

京兆田真兄弟三人,共议分财。生资皆平均,唯堂前一株紫荆树,共议欲破三片。翌日就截之,其树即枯死,状如火然。真往见之,大愕,谓诸弟曰:树木同株,闻将分斫,故憔悴,是人不如木也。因悲不自胜,不复解树。树应声荣茂,兄弟相感,遂为孝门。

李勣焚须

唐李勣,字懋功。本姓徐,太宗赐姓李。以功封英国公。初为仆射时,其姊病,勣亲为燃火煮粥。风回,焚其须。姊曰:仆妾多矣,何自苦如此。勣曰:岂为无人耶,顾今姊年老。勣亦老,虽欲数为姊煮粥,其可得乎。

(选自蔡振绅编《八德须知全集》)

后娶第四

自古奸臣佞妾[1],以一言陷人者众矣!况夫妇之义,晓夕移之,婢仆求容[2],助相说引,积年累月,安有孝子乎?此不可不畏。

注释

[1]佞(nìng):奸巧谄谀,花言巧语。 [2]求容:希求容身于其间。

译文

自古以来的奸臣佞妾,用一句话来败坏别人的大有人在。何况后母凭夫妇的情义,早晚都在想方设法改变丈夫的心意,婢女和仆人则尽量讨主人的欢心,也帮着劝说引诱,日积月累,怎么还有孝子呢？这种情形不能不让人畏惧。

凡庸之性，后夫多宠前夫之孤，后妻必虐前妻之子。非唯妇人怀嫉妒之情，丈夫有沉惑之僻，亦事势使之然也。前夫之孤，不敢与我子争家，提携鞠养[1]，积习生爱，故宠之；前妻之子，每居己生之上，宦学婚嫁[2]，莫不为防焉，故虐之。异姓宠则父母被怨，继亲虐则兄弟为雠，家有此者，皆门户之祸也。

注释

[1]鞠养：抚养、养育。　[2]宦学：学习和入仕。

译文

按一般人的习性，后夫大都宠爱前夫留下的遗孤，后妻一定虐待前妻所生的孩子。这不是因为只有妇人心怀嫉妒，男人容易沉迷女色，而是事情总是发展成如此情形。前夫的孤子不敢与后夫的孩子争夺家产，把他教育抚养长大，时间久了也就习惯性地疼爱他；前妻的孩子，常常领先于自己的孩子，无论仕宦学业婚姻嫁娶，没有一样不需要防范的，于是虐待他。异姓之子受宠则父母会遭到自家孩子的怨恨，后妻虐待前妻的孩子，则兄弟成了仇人,家里有这种事的,都是家门的祸患。

《后汉书》曰:"安帝时,汝南薛包孟尝,好学笃行,丧母,以至孝闻。及父娶后妻而憎包,分出之。包日夜号泣,不能去,至被殴杖。不得已,庐于舍外,旦入而洒扫。父怒,又逐之,乃庐于里门,昏晨不废。积岁余,父母惭而还之。后行六年服,丧过乎哀。既而弟子求分财异居,包不能止,乃中分其财。奴婢引其老者,曰:'与我共事久,若不能使也。'田庐取其荒顿者,曰:'吾少时所理,意所恋也。'器物取其朽败者[1],曰:'我素所服食,身口所安也。'弟子数破其产,还复赈给。"

注释

[1]朽败:腐烂,朽坏。

译文

《后汉书》记载:"东汉安帝刘祜(公元106—125年)在位时,汝南有个人叫薛包,字孟尝,勤奋好学,品行端正,小的时候母亲去世了,他以孝顺而闻名乡里。后来父亲娶了后妻,非常憎恶薛包,把他赶出家门。薛包日夜痛哭,不肯离开,于是遭到棍棒殴打。他不得已只能在家外面搭个茅棚过活。每天早上,他回到家洒扫庭院。父亲看见了十分恼怒,再次赶他走,薛包又把茅棚搭到乡族之里的门内,仍然早晚回家行孝子礼。就这样过了一年多,父母感到惭愧,就让他住回家里。等到父亲去世的时候,薛包服丧六年(按照丧服的规定,应为三年,即二十五个月),超过了一般丧礼的要求。后来,他的弟弟及侄子们要求分家分财,他无法阻止,于是均分了家产。挑选仆婢时,他选年老的,解释说:'这些人跟我时间久了,跟了别人恐怕不好使唤。'选房子和田地时,他挑荒芜破败的,解释说:'我从小就打理这些,有感情了舍不得给别人。'选家具物品时,他要朽烂不能用的,解释说:'我向来都用这些,已经习惯了。'后来,他的弟弟和侄子家几次破产,薛包就拿出自己的钱财接济他们。"

延伸阅读

因夫妻一方早亡或离异造成的家庭不完整,在古代社会也一样普遍,而且古代社会没有"一夫一妻"的制度,所以一个家庭中的子嗣并不是由一个母亲所生的情况相当普遍。《后娶篇》比《兄弟篇》更进一步强调了异母同胞之间也要相亲相爱。我们可以发现在这两篇文章中女性的形象都是自私和好斗的,是造成兄弟不睦的重要因素,对此不必过于愤慨,有则改之,无则加勉。不妨从另一个角度来理解为什么古人如此重视人伦,对亲属的名称和分类如此细致和讲究。

祠　堂

　　古代大家族里,兄弟们住在同一屋檐下,各自又有一个以他们为主的大家庭,家庭中可能有一个以上的妻子(有正室和妾之别),以及她们的孩子。这样一大家子人,每个人都有他的唯一性,那就是辈分、嫡庶和长幼。正室所生的孩子与其他的孩子不同,尤其是正室的第一个孩子,地位尤其尊贵,接下来是正室的其他孩子,然后是妾的孩子们,按照长幼顺序排列。这样一来,所有这些人的相互关系就是确定的,互相之间的亲疏和态度也就随之确定。而且,古代家庭的经济生活是联系在一起的,家族无论为官还是经营,事业要靠家里的人共同支撑,并非"各谋生路",所以就添上一层利益的关系。可以说,古人几乎主要是生活在家庭关系中的,而不像现代人是生活在社会中的,这也就是将伦常教育放在首位的原因。近代史学家吕思勉先生对于形成于周朝初期的古代家族宗法制度的论述，言简意赅地勾勒了家族这一古代社会最重要的基本细胞的轮廓，借此可以对中国延续至今的家族的形成有所了解。

周代宗法制度略说

宗与族异。族但举血统有关系之人，统称为族耳。其中无主、从之别也。宗则于亲族之中，奉一人焉以为主。主者死，则奉其继世之人。宗又有大小之分。宗法之传于今者，惟周为详。今略说之。

诸侯之子，唯嫡长继世为君。其弟二子以下，则悉不敢祢先君，其后世遂奉以为祖，是为别子。别子之世嫡，谓之大宗。百世不迁。别子弟二子以下，是为小宗。其子继之，时曰继祢小宗。其孙继之，时曰继祖小宗。其曾孙继之，时曰继曾祖小宗。其玄孙继之，时曰继高祖小宗。继祢者，亲兄弟宗之。继祖者，同堂兄弟宗之。继曾祖者，再从兄弟宗之。继高祖者，三从兄弟宗之。至于四从兄弟，则不复宗事其六世祖之宗子。所谓五世则迁也。

（选自吕思勉《中国制度史·宗族》）

思考讨论

1. 你的家庭是一个大家庭吗？如果是的话，说说你感受到的体现长幼尊卑的具体事例。

2. 在参与大家庭的活动时，你是否自觉地表现得与平时单独和父母在一起时有所不同？

治家第五

夫风化者,自上而行于下者也,自先而施于后者也。是以父不慈则子不孝,兄不友则弟不恭,夫不义则妇不顺矣。父慈而子逆,兄友而弟傲,夫义而妇陵[1],则天之凶民,乃刑戮之所摄[2],非训导之所移也。

注释

[1]陵:同"凌",侵侮。　　[2]刑戮(lù):指各种刑罚。

译文

风化的形成是自上推行到下,是由先辈施于后辈的。所以父亲不慈爱,孩子就不孝顺;兄长不友悌,弟弟就不恭敬;丈夫不知义,妇人就不顺从。而如果父亲慈爱孩子却叛逆,兄长友爱弟弟却傲慢,丈夫守义妇人却侵侮,那么他们就是天生凶恶的人,只有用刑罚来震慑,仅靠训诲劝诱是不能使他们改变本性的。

笞怒废于家[1],则竖子之过立见;刑罚不中,则民无所措手足。治家之宽猛,亦犹国焉。孔子曰:"奢则不孙,俭则固[2];与其不孙也,宁固。"又云:"如有周公之才之美,使骄且吝,其余不足观也已。"然则可俭而不可吝已。俭者,省约为礼之谓也;吝者,穷急不恤之谓也。今有施则奢,俭则吝,如能施而不奢,俭而不吝,可矣。

注释

[1]笞(chī)怒:用鞭、棍、杖等惩罚来表达愤怒。　　[2]固:鄙陋。

译文

家庭中如果取消棒棍体罚,那孩子们的过失马上就出现;刑罚用得不恰当,百姓就无所适从。治理家门的宽严标准,好比治理国家一样。孔子说:"奢侈的人不知道逊让,俭朴的人则鄙陋,与其不逊宁可鄙陋。"又说:"如果有像周公那样卓越的才能,假使他骄横且吝啬,那其余的也没什么值得赞赏了。"这样说来,可以俭朴但不要吝啬。俭是合乎礼的节省;吝则是不知体恤困难和危急。如今的人肯施舍的同时也奢侈,节俭却也吝啬,如果能施舍而不奢侈,节俭而不吝啬,也就可以了。

生民之本,要当稼穑而食[1],桑麻以衣。蔬果之畜,园场之所产;鸡豚之善[2],埘圈之所生[3]。爰及栋宇器械[4],樵苏脂烛[5],莫非种殖之物也。至能守其业者,闭门而为生之具以足,但家无盐井耳。

注释

[1]稼穑(sè):种植与收割,泛指农业。　[2]善:同"膳",食物。　[3]埘(shí):墙壁上挖洞做成的鸡窠。　[4]爰(yuán)及:连词,至于。　[5]樵苏:打柴割草,这里指柴草。

译文

对百姓来说最根本的事情,是耕作田地以收获食物,种植桑麻以做成衣服。贮藏的蔬果是果园场圃里出产的,鸡和猪是鸡窠猪圈里蓄养的。还有房屋器具、柴草蜡烛,没有一样不是耕种养殖出来的东西制作的。那种最能持守家业的人,即使不用出门,生活的必需品已够用了,只是缺一口盐井而已。

世间名士,但务宽仁,至于饮食饷馈[1],僮仆减损,施惠然诺[2],妻子节量,狎侮宾客,侵耗乡党,此亦为家之巨蠹矣[3]。

注释

[1]饷(xiǎng)：馈赠。　[2]然诺：答应承诺。　[3]蠹(dù)：蛀蚀器物的虫子。

译文

世上的名人志士，只知道要宽厚仁煦，以至于馈赠他人的食物却被僮仆私扣，答应给予别人的恩惠却让妻子和孩子牟利其中，甚至到了轻视和侮辱宾客、侵占同族人家财物的程度，这可以说是家门的大祸患了。

婚姻素对，靖侯成规[1]。近世嫁娶，遂有卖女纳财，买妇输绢，比量父祖，计较锱铢[2]，责多还少，市井无异。或猥婿在门[3]，或傲妇擅室[4]，贪荣求利，反招羞耻，可不慎欤！

注释

[1]靖侯：指本书作者颜之推的九世祖颜含，东晋时人，谥号靖侯。　[2]锱铢(zī zhū)：锱和铢。比喻微小的数量。　[3]猥(wěi)：鄙陋，下流。　[4]擅：超越职权，自作主张。

译文

婚姻的缔结要选择清白人家,这是祖上靖侯立下的家规。近世以来的婚姻嫁娶,出现了为了聘礼出卖女儿,为了嫁妆娶媳妇的情况,他们比较衡量对方祖上的家产情况,斤斤计较,要的多给的少,和市井做生意的商贩没有两样。结果有的招来了猥琐卑贱的女婿,有的则任由无礼的妇人在家作威作福,贪图荣华富贵,反而招致羞耻,婚姻怎么可以不慎重呢!

借人典籍,皆须爱护,先有缺坏,就为补治,此亦士大夫百行之一也……吾每读圣人之书,未尝不肃敬对之,其故纸有《五经》词义及贤达姓名,不敢秽用也[1]。

注释

[1]秽(huì)用:用于不洁的地方。

译文

借阅别人的书籍,都要好好爱护,如果借来时就有缺角损坏,应该马上修补好,这是作为士大夫应有的行为之一……我每次读圣贤们的书,总是毕恭毕敬地对待,因为这些书页里有《五经》的内容和那些贤明之人的姓名,不敢放到污秽的地方去使用。

延伸阅读

如何处理家庭生活中遭遇到的各种问题,这样的智慧恐怕不是只读圣贤书就能办到的。颜之推在《治家篇》中体现了非常卓越的持家理念,他并不是迂腐地认为只要家庭成员能守本分就能使全家太平,而是从非常实际的衣食住行上加以说明,尤其对不当行为绝不姑息。治家宽猛相济以及俭而不吝的原则,即使在今天也颇可借鉴。此外,一个家庭最初也是最基本的形式是婚姻,本篇中提到了为子孙选择婚姻时的慎重,撇开会被现代人诟病的婚姻包办或者无视当事人的感情——这是现代人对婚姻的理解,从家族延续和拓展的角度讲,婚姻的意义是非常深远的。虽然男性是古代社会的主导者,但他一定有母亲和妻子,他的母亲影响其品格,妻子则影响其行为,所以才有门当户对的说法。这其实是需要一个拥有相同价值观的异性成为伴侣并抚育后代,是一种精神的延续。婚礼的仪式中则隐含着古人对婚姻的敬慎和认识,我们应该客观看待并对它们表示尊重。

汉画婚礼图

婚礼的意义(节选)

昏礼者,将合二姓之好,上以事宗庙,而下以继后世也,故君子重之。是以昏礼,纳采,问名,纳吉,纳徵,请期,皆主人筵几于庙,而拜迎于门外,入,揖让而升,听命于庙,所以敬慎重正昏礼也。

父亲醮子,而命之迎,男先于女也。子承命以迎,主人筵几于庙,而拜迎于门外。婿执雁入,揖让升堂,再拜奠雁,盖亲受之于父母也。降,出御妇车,而婿授绥,御轮三周,先俟于门外,妇至,婿揖妇以入,共牢而食,合卺而酳,所以合体,同尊卑,以亲之也。

敬慎重正而后亲之,礼之大体,而所以成男女之别,而立夫妇之义也。男女有别,而后夫妇有义;夫妇有义,而后父子有亲;父子有亲,而后君臣有正。故曰:"昏礼者,礼之本也。"

成妇礼,明妇顺,又申之以着代,所以重责妇顺焉也。妇顺者,顺于舅姑,和于室人,而后当于夫,以成丝麻布帛之事,以审守委积盖藏。是故妇顺备而后内和理,内和理而后家可长久也,故圣王重之。

是以古者妇人先嫁三月,祖庙未毁,教于公宫,祖庙既毁,教于宗室,教以妇德、妇言、妇容、妇功。教成祭之,牲用鱼,芼之以蘋藻,所以成妇顺也。

是故男教不修,阳事不得,适见于天,日为之食;妇顺不修,阴事不得,适见于天,月为之食。是故日食则天子素服而修六官之职,荡天下之阳事;月食则后素服而修六宫之职,荡天下之阴事。故天子之与后,犹日之与月,阴之与阳,相须而后成者也。天子修男教,父道也;后修女顺,母道也。故曰:"天子之与后,犹父之与母也。"故为天王服斩衰,服父之义也;为后服资衰,服母之义也。

(选自《礼记·昏义》)

思考讨论

1. 你理想的家庭中,各个成员扮演的角色是怎样的?
2. 西方家庭中的民主和平等与东方家庭中的等级与服从,你认为哪种更好?

第二章

风操第六

吾观《礼经》[1],圣人之教:箕帚匕箸[2],咳唾唯诺,执烛沃盥[3],皆有节文,亦为至矣。但既残缺,非复全书,其有所不载,及世事变改者,学达君子,自为节度,相承行之,故世号士大夫风操。

注释

[1]《礼经》:指《仪礼》,记录了周代时施行的各种礼仪。 [2]匕:食器,类似今天的羹匙。 [3]沃盥(guàn):浇水洗手。盥,古代洗手的器皿。

译文

我阅读《礼经》里圣人的教诲,说的是簸箕和扫帚、羹匙和筷子怎么使用，说话应答，持烛照明，端好洗漱的水盆这些琐碎的事情，每一件事都有进退的礼节，书里已经说得非常详细了。然而《礼经》有残缺，并没有全部保留古代的礼仪，那些没有记录下来的，和因时间的变迁而改变的礼仪，擅长礼学的君子可以按照制礼的规则，自己权衡度量继承和施行，所以世人都认为这就是士大夫的风骨和节操。

《礼》曰[1]："见似目瞿，闻名心瞿[2]。"有所感触，恻怆心眼[3]。若在从容平常之地，幸须申其情耳；必不可避，亦当忍之。犹如伯叔兄弟，酷类先人，可得终身肠断，与之绝耶？又："临文不讳，庙中不讳，君所无私讳[4]。"益知闻名，须有消息[5]，不必期于颠沛而走也。

注释

[1]《礼》：《礼记》，西汉人戴圣编定的，采自先秦典籍的解释礼的汇集。　[2]见似目瞿，闻名心瞿：亲眼见到感到恐惧，亲耳听到心里恐惧。出自《礼记·杂记》。　[3]恻怆（cè chuàng）：哀伤。　[4]临文不讳，庙中不讳，君所无私讳：作文时不需避讳，在祭祀的庙中不需避讳先人的名讳，见君王的时候不需避讳自己祖先的名讳。出自《礼记·曲礼》。　[5]消息：斟酌，揣量。

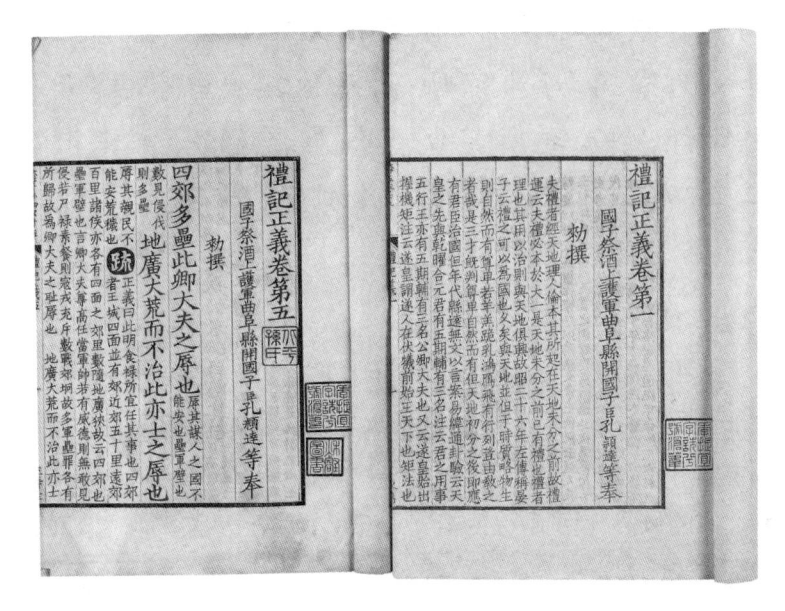

《礼记》书影

译文

《礼记》里说:"见到容貌和父母相似的人,就感到吃惊,听到别人说起亡父的名字,就感到心惊。"这句话的意思是耳闻目睹后,心和眼都陷入思亲的悲哀;如果在无关紧要的场合,是可以宣泄这些感情的;如果是无法回避他人的情况,应该忍住。譬如伯叔、兄弟,容貌形神有似祖先,难道也因为悲痛先人的离世,而不相往来吗?《礼记》里还说:"写文章不用避讳,在宗庙行礼不用避讳,在君王面前不避先人讳。"所以,听到自己避开的名讳的时候,要有所斟酌,不一定都要仓皇避让。

第二章 | 041

昔侯霸之子孙，称其祖父曰家公；陈思王称其父为家父，母为家母；潘尼称其祖曰家祖：古人之所行，今人之所笑也。今南北风俗，言其祖及二亲，无云家者，田里猥人，方有此言耳。

译文

　　过去侯霸的子孙称呼他们的祖父为家公；陈思王曹植称呼自己的父亲为家父，母亲为家母；西晋文学家潘尼称呼自己的祖父为家祖。古人的这些行为，今人看起来有些好笑。按照如今南方和北方的风俗，说到自己的祖父和双亲的时候，没有称呼"家"的，乡野村夫的方言里倒还保留着。

　　凡与人言，称彼祖父母、世父母、父母及长姑，皆加尊字，自叔父母以下，则加贤字，尊卑之差也。王羲之书[1]，称彼之母与自称己母同，不云尊字，今所非也。

注释

　　[1]王羲之书：王羲之的书信，今未发现如文中所述之事，可能颜之推时还能见到，今已亡佚。

《兰亭序》摹本

译文

　　一般和人说话,称呼对方的祖父母、伯父母、父母和父亲的姐姐时,都要在称呼前加"尊"字,叔父母以下辈分的,要在称呼前加"贤"字,这体现了身份尊卑的差异。东晋王羲之的信中,称呼对方的母亲和自己的母亲是一样的,并没有加"尊"字,在今天看来是失礼了。

　　南人冬至岁首,不诣丧家[1];若不修书,则过节束带以申慰。北人至岁之日,重行吊礼,礼无明文,则吾不取。南人宾至不迎,相见捧手而不揖[2],送客下席而已;北人迎送并至门,相见则揖,皆古之道也,吾善其迎揖。

拜　法

注释

[1]诣(yì):到,旧时特指到尊长那里去。　[2]揖(yī):古代的拱手礼。

译文

按照南方人的风俗,冬至和立春两个日子,不去拜访有丧事的人家;不是写信致哀,就是装束合适后前去慰问。按照北方人的风俗,对在立春日办丧事的人家,这两天要比平时更隆重地前往吊丧,北方这样的风俗,并没有文献记载,我不会遵行。南方人并不出门迎接来访的宾客,主宾相见只是行拱手礼,并不互相作揖,送别客人也只是离开坐席而已,并不送到门口;而北方人迎来送往都要到门口,主宾相见必然作揖,这些是自古就有的礼节,我赞许这样的迎送和作揖。

昔者,王侯自称孤、寡、不穀[1],自兹以降[2],虽孔子圣师,与门人言皆称名也。后虽有臣仆之称,行者盖亦寡焉。江南轻重[3],各有谓号,具诸《书仪》[4];北人多称名者,乃古之遗风,吾善其称名焉。

注释

[1]不穀(gǔ):不善,古代王侯自称的谦辞。 [2]兹(zī):这,这个。 [3]轻重:指礼仪轻重。 [4]《书仪》:当时记载礼仪的书。

译文

古时候,君王诸侯自称孤、寡、不穀,从那以后,即使像孔子那样的至圣先师,和门徒说话的时候也都自称名字。后世虽然有了臣、仆的称呼,真正这么称呼的人却很少。江南地区的称呼,按照礼轻礼重各自分别,《书仪》里都记载着。北方人都称呼名,这是古代的遗风,我赞许这种做法。

古人皆呼伯父叔父,而今世多单呼伯叔。从父兄弟姊妹已孤,而对其前,呼其母为伯叔母,此不可避者也。兄弟之子已孤,与他人言,对孤者前,呼为兄子弟子,颇为不忍;北土人多呼为侄。案:《尔雅》[1]《丧服经》[2]《左传》[3],侄虽名通男女,并是对姑之称。晋世已来,始呼叔侄;今呼为侄,于理为胜也。

注释

[1]《尔雅》:我国最早的一部解释字义的著作。　[2]《丧服经》:现收录于《仪礼》中,记述了古代丧事中家庭各个成员参加丧礼的服饰和服丧的时间。　[3]《左传》:春秋末期鲁国人左丘明解释《春秋》的著作。

译文

古时候人都称呼伯父、叔父,而现在的人单称伯、叔。伯父或叔父的孩子们如果从小丧父,当他们的面称呼他们的母亲为伯母和叔母,是无法回避的。自己兄弟的孩子如果丧父,在孩子面前和他人说起时,称他们是哥哥的孩子或是弟弟的孩子,总有些于心不忍;北方人就直接称"侄"。颜之推按语:根据《尔雅》《丧服经》《左传》的内容,侄的称谓对男女都适用,但都是相对"姑"而言的。从晋代之后,才开始有了叔侄的称呼;现在只称呼兄弟的孩子为侄,我觉得道理上更说得通。

别易会难,古人所重;江南饯送[1],下泣言离。有王子侯,梁武帝弟,出为东郡,与武帝别,帝曰:"我年已老,与汝分张[2],甚以恻怆。"数行泪下。侯遂密云[3],赧然而出[4]。坐此被责,飘飖舟渚[5],一百许日,卒不得去。北间风俗,不屑此事,歧路言离,欢笑分首。然人性自有少涕泪者,肠虽欲绝,目犹烂然,如此之人,不可强责。

注释

[1]饯(jiàn)送:设酒食送别。　[2]分张:别离。　[3]密云:密云不雨,"无泪"的歇后隐语,形容故作悲戚之态而内心并不悲伤。　[4]赧(nǎn):羞愧。　[5]飘飖(yáo):摇动,晃动。舟渚(zhǔ):船只停泊处。

译文

离别容易相会难,所以古人特别重视送别之礼;江南地方的人在饯行送别时，都会流下眼泪。梁武帝有一个弟弟叫王子侯，要去东郡，与武帝告别，武帝说："我年纪大了，和你分别，非常难过。"说着流下了眼泪。皇弟表面十分悲戚，却流不出一点眼泪，最后羞愧离开。他因此事被世人责怪，于是他的船在江上飘摇了一百多天，最后还是没能离开。按照北方民间的风俗，并不在意离别之事，到了该分手的地方就告别，彼此笑着分开。当然，世上是有不怎么流泪的人，即使肝肠寸断，悲痛欲绝，他的眼睛还是明亮有神；对这样的人，也不能过于苛责。

凡亲属名称，皆须粉墨，不可滥也。无风教者，其父已孤，呼外祖父母与祖父母同，使人为其不喜闻也。虽质于面，皆当加外以别之；父母之世叔父，皆当加其次第以别之；父母之世叔母，皆当加其姓以别之；父母之群从世叔父母及从祖父母，皆当加其爵位若姓以别之。河北士人，皆呼外祖父母为家公家母，江南田里间亦言之。以家代外，非吾所识。

译文

凡是亲属的名字和称呼，我们使用的时候都要分辨清楚，不可以随便乱用。没有受过良好教育的人，在祖父母去世后，称呼外祖父母为祖父母,听之令人不悦。即使是当着外祖父母的面,也要加"外"字以和祖父母有所区别;称呼父母的伯父或叔父,都要加上表示顺序的字以区别他们的长幼;而称呼父母的伯母或叔母,也都要加上她们娘家的姓来区别;称呼父母的堂伯父母以及堂祖父母,都要在前面加上爵位或姓氏以示区别。河北地方的人,都称呼外祖父母为"家公家母";江南乡野也有这样的称法。用"家"代替"外",我不能认同。

凡宗亲世数[1],有从父,有从祖,有族祖。江南风俗,自兹已往,高秩者[2],通呼为尊;同昭穆者[3],虽百世犹称兄弟;若对他人称之,皆云族人。河北士人,虽三二十世,犹呼为从伯从叔。梁武帝尝问一中土人曰:"卿北人,何故不知有族[4]?"答云:"骨肉易疏,不忍言族耳。"当时虽为敏对,于礼未通。

注释

[1]世数:辈分。　[2]高秩:高爵位。　[3]昭穆:古代宗法制度中,以始祖为始,二、四、六世为"昭",三、五、七世为"穆"。泛指辈分。　[4]不知有族:不知道如何按亲疏和辈分关系区分家族里外的人。

译文

　　按照家族里亲戚的世系辈分,有父亲的兄弟,有祖父的兄弟,有祖父的堂兄弟。按照江南地方的风俗,比自己辈分高的,都称呼为"尊";和自己辈分相同者,即使祖上隔得再远,也互称兄弟;如果对外人说起来,都说是一个家族的人。河北地方的人,即使隔了二三十辈了,还称呼与父亲同辈的族人为伯父、叔父。有一次梁武帝问一个中原人:"你们北方人怎么会不知道'家族'呢?"那人回答说:"骨肉的关系是很容易就疏远的,所以不忍心说家族啊。"虽然此话当时是非常机敏的回答,但从礼制上却说不通。

　　古者,名以正体,字以表德,名终则讳之,字乃可以为孙氏。

译文

　　古时候,名是用来表明自己的存在,字是表彰自己的德行,所以人去世以后,名要避讳,而字则可以传给孙辈用。

　　《礼·间传》云:"斩缞之哭[1],若往而不反;齐缞之哭,若往而反;大功之哭,三曲而偯[2];小功缌麻,哀容可也,此哀之发于声音也。"《孝经》

云:"哭不偯。"皆论哭有轻重质文之声也。礼以哭有言者为号,然则哭亦有辞也。江南丧哭,时有哀诉之言耳;山东重丧,则唯呼苍天,期功以下[3],则唯呼痛深,便是号而不哭。

注释

[1]斩缞(cuī):古代丧服分五等,这是其中最重的一种,其次为齐(zī)缞、大功、小功、缌(sī)麻。　　[2]三曲:是古丧礼的一种哀声。偯(yǐ):拖长哭的余声。　　[3]期(jī):时间长度,一年,为服丧时间长度的一种,另有三年、九月、五月、三月,分别与五种丧服搭配,以区别参加丧礼者与死者的亲疏关系。

译文

《礼记·间传》说:"服斩缞丧的人,哭得好像要和亡人同去一般;服齐缞丧的人,哭得好像送亡人后还要回来;服大功丧的人的哭声一举声而三折,余音不绝。服小功和缌麻丧的人,脸上露出哀伤的表情就可以了。这些是用声音表达不同的悲哀。"《孝经》说:"不要哭得停不下来。"这些话都是在说不同哭声里表达了情感的轻重。按照礼的说法,哭着说话称作"号",可见哭也有言辞。江南地方丧事中的哭声,时常听到哀戚的诉说之语;山东地方的隆重丧事,只听见呼天抢地,比较疏远的亲戚,则只是非常悲痛地呼喊,可以说只号不哭。

江南凡遭重丧,若相知者,同在城邑,三日不吊则绝之;除丧,虽相遇则避之,怨其不已悯也。有故及道遥者,致书可也,无书亦如之。北俗则不尔。江南凡吊者,主人之外[1],不识者不执手;识轻服而不识主人,则不于会所而吊,他日修名诣其家。

注释

[1]主人:丧礼中的"主人"专指亡人的嫡长子。吊丧其实分为丧和吊,"丧"的对象是与自己有关的人,而"吊"是指丧事的主人是与自己有关的人。

译文

江南地方的人如果遇到家里有两人相继死亡的,与他相知的朋友在一个地方的,得知消息后三天之内还不登门吊丧的,就要和他绝交;服丧结束后,如果在路上遇到了也会避开,这是埋怨他不怜悯自己。有其他原因或路途遥远的,写信吊丧也可以,不写信的也与他绝交。北方的习俗却不是这样。江南地方去别人家里吊丧,除了和丧事的主人,不和其他不认识的人握手;如果认识的都是穿着较轻的丧服(关系较远的亲人朋友)且不认识主人,就不在治丧的地方吊唁,改日置备名帖再去丧主家行礼。

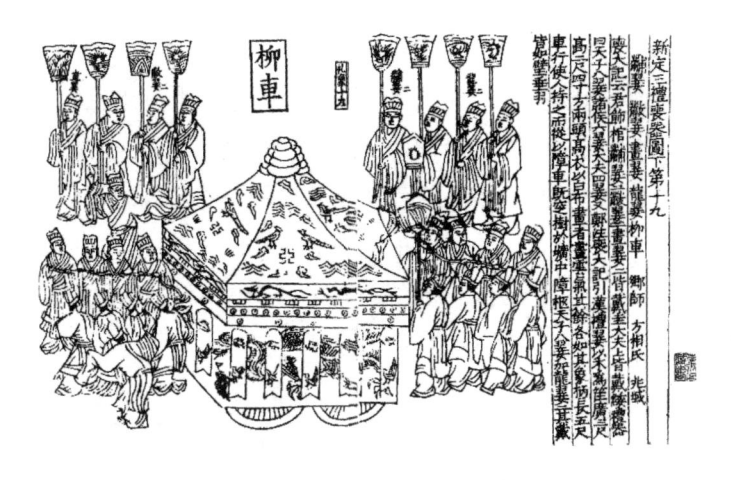

丧仪图

《礼经》:父之遗书,母之杯圈[1],感其手口之泽[2],不忍读用。政为常所讲习,雠校缮写[3],及偏加服用,有迹可思者耳。若寻常坟典[4],为生什物,安可悉废之乎?既不读用,无容散逸,惟当缄保,以留后世耳。

注释

[1]杯圈:一种木制的饮器。　[2]手口之泽:手上的汗和口中的唾液。　[3]雠校:校勘。缮(shàn)写:抄写。　[4]坟典:三坟五典的简称,传说记录了三皇五帝的典章。后为古书的通称。

译文

《礼经》里说:"父亲生前用过的书籍,母亲生前用过的杯子,都可以感觉到他们的气息,不忍心阅读和使用。"因为那是父亲时常讲习,亲自校勘抄写的,还有母亲经常使用的器物,上面的痕迹令人思念故人。如果是寻常的古书,日用的器具,怎么可能统统废弃不用呢?父母的遗物已经不再使用,也不该散落丢失,而应该封存保管,留给子孙后代。

《礼》云:"忌日不乐[1]。"正以感慕罔极[2],恻怆无聊,故不接外宾,不理众务耳。必能悲惨自居,何限于深藏也?世人或端坐奥室[3],不妨言笑,盛营甘美,厚供斋食;迫有急卒,密戚至交,尽无相见之理,盖不知礼意乎!

注释

[1]忌日不乐:出自《礼记·檀弓》。 [2]罔(wǎng)极:无穷尽。 [3]奥室:内室,深宅。

译文

《礼记》里说:"忌日那天不应该宴客作乐。"因为这一天对父母的追念感伤之情尤为强烈，心中郁郁不乐，所以不能接待宾客，也不能处理事务。真正内心悲伤的人会一个人安静地自处，又何必一定要避人不见呢？有的人端坐在房间里，照样言笑风生，大快朵颐，精心制作斋饭；即使有十分紧急的事情，再近的亲戚或挚友，都以忌日为由不见，这样的做法是不知道礼的真谛啊！

江南风俗，儿生一期，为制新衣，盥浴装饰，男则用弓矢纸笔，女则刀尺针缕[1]，并加饮食之物，及珍宝服玩，置之儿前，观其发意所取，以验贪廉愚智，名之为试儿。亲表聚集，致宴享焉。自兹已后，二亲若在，每至此日，尝有酒食之事耳。

注释

[1]针缕：针线。

译文

按照江南地区的风俗，孩子周岁的时候，要给他缝制新衣，梳洗打扮，男孩就用弓、箭、纸、笔，女孩就用剪刀、尺子、针线，再加上一些食物还有珍宝、配饰，放在孩子的面前，看他想要拿哪件玩意，用来测试孩子是贪心还是廉洁，是愚钝还是睿智，这个仪式叫做试儿。这一天,亲戚们聚在一起吃饭喝酒。从此往后,父母在孩子生日那天都要设宴招待亲戚们。

兵凶战危,非安全之道。古者,天子丧服以临师,将军凿凶门而出。父祖伯叔,若在军阵,贬损自居,不宜奏乐宴会及婚冠吉庆事也。若居围城之中,憔悴容色,除去饰玩,常为临深履薄之状焉。父母疾笃,医虽贱虽少,则涕泣而拜之,以求哀也。

译文

遇到国家打仗的岁月,人的性命不一定能保全。古时候,天子穿着丧服送士兵远征,将军抱着必死为国的决心从北门上战场。家中的男性长辈如果上了战场,自己要低调处事,不适合歌舞宴饮,也不适合办婚礼和冠礼之类的吉事和喜事。如果他们身处被围困的城邑中,自己的脸色应该憔悴不堪,身上佩戴的装饰也要摘除,做出小心谨慎、如临深渊的样子。父母如果得了重病,即使医生的地位低于自己,年龄较小,也要流着眼泪哀求他可怜自己的父母,想办法治好他们。

四海之人,结为兄弟,亦何容易。必有志均义敌,令终如始者,方可议之。一尔之后[1],命子拜伏,呼为丈人[2],申父友之敬;身事彼亲,亦宜加礼。

注释

[1]尔:如此。　[2]丈人:干爹。

译文

四海之内不相识的人,结为兄弟是不容易的。必须是志同道合、意气相投,而且能始终如一的人,才可能结拜。一旦结拜,命令孩子跪地下拜,称呼为干爹,以表示对父亲结拜兄弟的尊敬;侍奉结拜兄弟的双亲,礼节上应该更加隆重。

昔者,周公一沐三握发[1],一饭三吐餐,以接白屋之士[2],一日所见者七十余人。晋文公以沐辞竖头须,致有图反之诮[3]。门不停宾,古所贵也。失教之家,阍寺无礼[4],或以主君寝食嗔怒[5],拒客未通,江南深以为耻。

注释

[1]周公:西周初年的政治家,周武王的弟弟,辅佐周武王年幼的儿子周成王治理天下,并在成王成年后还政于他。周公礼贤下士,深得民心,制礼作乐,奠定了以后中华文明的基本礼乐制度。 [2]白屋:古代平民的房屋不涂颜色,故称白屋。[3]诮(qiào):责备。 [4]阍(hūn)寺:阍人和寺人,古代宫中掌管门禁的官。阍,宫门。 [5]嗔(chēn)怒:恼怒。

译文

古时候,周公宁愿随时中断沐浴、吃饭,出来迎接平民、寒士,一天下来要见七十多人。与之相反,晋文公却以自己正在洗头为由,拒绝接见竖头须,遭到想法反常的讥讽。不让来访的宾客等在门口,是古人尊重贤士的做法。没有家教的人家,看门的仆人不知礼节,有的以主人正在睡觉、吃饭或情绪不佳为由,拒绝向主人通报客人的到访,这在江南人看来,是非常羞耻的事情。

延伸阅读

如果要用一个现代词语翻译"风操"的话,"素质"是比较合适的。也许有人会觉得"风操"应该是教人"大义凛然"或"舍生取义"的,在读了这篇文章以后,不免觉得过于家常,兴致不高。这也许源于今人与古人对于人的日常行为的理解差异。如果大家读过朱柏庐的《治家格言》,一定觉得古人的规矩多,把从早到晚的动作都规定好了,人的自由到哪里去了?而且,为什么一定要这样做呢?不这样做,我也照样吃饭睡觉,与人交往,也没什么不好。所以,今人总认为古人刻板,不懂得享受生活。恐怕这样的想法要稍稍搁置一下,且不说"自由"究竟为何——这本身就是一个中国人最容易误解的概念,古人凡事都进退有矩,并不是勉强而为。在他们看来,洒扫应对这类最平常的事情才是真正体现一个人好坏的关键,因为这样不起眼的小事,不因别人而做的行为,都能"行而中节"的话,这个人的内心和能力一定不会逊色。把这些规矩施行得如天生一样,感到不那么做就不舒服或感到惭愧的时候,就是孔子所说的"从心所欲不逾矩"了,这需要内心和身体多少年的领悟与配合啊!更重要的是,这其中体现了古人对人的看法——人应该不断学习和调适成一个摆脱鄙俗趣味,从而懂得节制内心和行为,无论是一个人还是与其他人一起共处,都应该保持着这种履行中道的意识。所以,每一个小的行为都是内心的展现,每一个小的意念都是潜在的真我。这些细节给别人看见了,就形成了对你的操行的看法。"于细微之处见真情"似乎在此处也可以用上。在读书人必修的经典中,对这些日常行为的指导与反思真可谓细致入微,可以理解为儒者的"戒律",做起来不容易呢。

君子之操行(节选)

敖不可长,欲不可从,志不可满,乐不可极。

贤者狎而敬之,畏而爱之,爱而知其恶,憎而知其善,积而能散,安安而能迁,临财毋苟得,临难毋苟免,很毋求胜,分毋求多,疑事毋质,直而勿有。

礼不妄说人,不辞费;礼不踰节,不侵侮,不好狎;修身践言,谓之善行;行修言道,礼之质也。

礼闻取于人,不闻取人;礼闻来学,不闻往教。

道德仁义,非礼不成;教训正俗,非礼不备;分争辨讼,非礼不决;君臣、上下、父子、兄弟,非礼不定;宦学事师,非礼不亲;班朝治军,莅官行法,非礼威严不行;祷祠、祭祀,供给鬼神,非礼不诚不庄。是以君子恭敬撙节,退让以明礼。鹦鹉能言,不离飞鸟,猩猩能言,不离禽兽;今人而无礼,虽能言,不亦禽兽之心乎?

谋于长者,必操几杖以从之,长者问,不辞让而对,非礼也。

凡为人子之礼,冬温而夏清,昏定而晨省,在丑夷不争。

夫为人子者,三赐不及车马,故州闾乡党称其孝也,兄弟亲戚称其慈也,僚友称其弟也,执友称其仁也,交游称其信也;见父之执,不谓之进,不敢进,不谓之退,不敢退,不问不敢对,此孝子之行也。

夫为人子者,出必告,反必面,所游必有常,所习必有业,恒言不称老,年长以倍,则父事之,十年以长,则兄事之,五年以长,则肩随之,群居五人,则长者必异席。

孝子不服闇,不登危,惧辱亲也。父母存,不许友以死,不有私财。

为人子者,父母存,冠衣不纯素,孤子当室,冠衣不纯采。

幼子常视毋诳,童子不衣裘裳,立必正方,不倾听。长者与之提携,则两手奉长者之手,负剑辟咡诏之,则掩口而对。

从于先生,不越路而与人言,遭先生于道,趋而进,正立拱手,先生与之言则对,不与之言则趋而退。从长者而上丘陵,则必乡长者所视,登城不指,城上不呼。将适舍,求毋固,将上堂,声必扬。户外有二屦,言闻则入,言不闻则不入。将入户,视必下,入户奉扃,视瞻毋回,户开亦开,户阖亦阖,有后入者,阖而勿遂,毋践屦,毋踖席,抠衣趋隅,必慎唯诺。

凡与客入者,每门让于客,客至于寝门,则主人请入为席,然后出迎客。客固辞,主人肃客而入,主人入门而右,客入门而左,主人就东阶,客就西阶,客若降等,则就主人之阶,主人固辞,然后客复就西阶。主人与客让登,主人先登,客从之,拾级聚足,连步以上,上于东阶,则先右足,上于西阶,则先左足。

先生书策琴瑟在前,坐而迁之,戒勿越,虚坐尽后,食坐尽前,坐必安,执尔颜,长者不及,毋儳言,正尔容,听必恭,毋剿说,毋雷同,必则古昔,称先王。侍坐于先生,先生问焉,终则对,请业则起,请益则起,父召无诺,先生召无诺,唯而起。侍坐于所尊,敬毋余席,见同等不起,烛至起,食至起,上客起,烛不见跋,尊客之前不叱狗,让食不唾。侍坐于长者,屦不上于堂,解屦不敢当阶。就屦,跪而举之,屏于侧,乡长者而屦,跪而迁屦,俯而纳屦。

贫者不以货财为礼,老者不以筋力为礼。

名子者,不以国,不以日月,不以隐疾,不以山川。

父母有疾,冠者不栉,行不翔,言不惰,琴瑟不御,食肉不至变味,饮酒不至变貌,笑不至矧,怒不至詈,疾止复故,有忧者侧席而坐,有丧者专席而坐。

凡为君使者,已受命君,言不宿于家。君言至,则主人出拜君言之辱,使者归,则必拜送于门外。若使人于君所,则必朝服而命之,使者反,则必下堂而受命。

博闻强识而让,敦善行而不怠,谓之君子,君子不尽人之欢,不竭人之忠,以全交也。

(选自《礼记·曲礼》)

思考讨论

1. 有没有事情可以不必像大人教你做的那样去做?
2. 说说"行而中节"与"循规蹈矩"的区别。

慕贤第七

古人云:"千载一圣,犹旦暮也;五百年一贤,犹比髆也[1]。"言圣贤之难得,疏阔如此。傥遭不世明达君子[2],安可不攀附景仰之乎?吾生于乱世,长于戎马,流离播越[3],闻见已多,所值名贤,未尝不心醉魂迷向慕之也。

注释

[1]比髆(bó):肩膀靠肩膀,比喻拥挤。髆,通"膊",肩膀。
[2]傥:倘若,或者。　　[3]播越:迁移逃亡。

译文

古人说:"一千年出一个圣人的话,近得好像日出到日落的时间;五百年出一个贤人的话,那就好比路上的人摩肩接踵了。"这是在说圣贤之人在世间非常稀罕难得。倘或遇到世间罕有的明达君子,怎么能不去设法结识并表达景仰之情呢? 我生长在乱世,在兵荒马乱中长大,到处迁移逃亡,也算见多识广,一旦遇到了名流贤士,一定会心驰神往地钦慕于他。

人在少年,神情未定,所与款狎[1],熏渍陶染[2],言笑举动,无心于学,潜移暗化,自然似之,何况操履艺能,较明易习者也? 是以与善人居,如入芝兰之室,久而自芳也;与恶人居,如入鲍鱼之肆[3],久而自臭也。墨子悲于染丝[4],是之谓矣。君子必慎交游焉。

注释

[1]款狎:款洽亲密。 [2]熏渍(zì):熏染浸渍。 [3]肆(sì):店铺。 [4]墨子悲于染丝:出自《墨子·所染》。墨子见到染丝发出感叹,说丝染成什么颜色就变成什么颜色,所以染丝要谨慎。

译文

人年少的时候,神志心气还没有定型,和交往亲密的人在一起,言谈举止受到影响,即使不刻意模仿,也会潜移默化地变得非

第二章 | 063

常相似,更何况操行品德、才艺能力那些显著而容易学习的内容呢?所以和高尚的人在一起,就如同进入了种植香草的房间,时间一久连自己也变得芬芳了;而和邪恶的人在一起,就如同进了卖鲍鱼的铺子,时间一久自己也变得腥臭了。墨子看到人们染丝就悲叹也是这个道理。因此,君子一定要交友谨慎。

世人多蔽,贵耳贱目,重遥轻近。少长周旋,如有贤哲,每相狎侮,不加礼敬。他乡异县,微藉风声,延颈企踵[1],甚于饥渴。校其长短,核其精粗,或彼不能如此矣。

注释

[1]延颈企踵(zhǒng):伸长头颈,踮起脚跟。形容仰慕或企望之切。踵,脚后跟。

译文

世上的人大多蒙蔽不明,相信传言之事甚于亲眼所见,看重远处的事情,轻视近处的事情。从小到大经常打交道的人,即使是贤士哲人,也往往轻慢侮弄不知礼节敬重。反之,其他地方的人,只风闻过一点情况,就伸长脖子、踮着脚尖希望结识他,比饥饿口渴还要严重。然而仔细地反复比较一下两位各方面的品德上下,才能高低,或许异乡之人还不如身边之人。

用其言,弃其身,古人所耻。凡有一言一行,取于人者,皆显称之,不可窃人之美,以为己力,虽轻虽贱者,必归功焉。窃人之财,刑辟之所处;窃人之美,鬼神之所责。

译文

接受了别人的观点,却嫌弃提出观点的人,这是古人认为可耻的事情。凡是有一句话和一件行为,借鉴于他人,都应该坦率地告诉别人,不可以夺人之美,变成自己的功劳,即使再卑贱的人,(该是他的功劳)也要归于他。窃取别人的财物,有刑罚来处置,而窃取别人的功劳,鬼神也会来责难的。

延伸阅读

《慕贤篇》讲的不是对历史上著名人物的敬慕,而是对同时代的甚至是身边的贤士,要有一双懂得欣赏的眼睛。就像喜欢品尝美味,倾心于悦耳的音乐一样,人也喜欢亲近自己所欣赏的人。然而,你把钦慕投给谁,也同时表明了你自己的品位。颜之推说,人小的时候,心气未定,并不能对人和事有一个准确的判断,打交道多了便向那个方向去了。长大以后,倾慕成为一种动力,把自己变成所欣赏的那个样子,可是那个样子是好的样子吗？也许有人会以价值多元来为自己并不为别人认同的价值观辩护,但有一个事实是:在品位上,总有大多数人都认同的高低,并不需要你试了以后才知道。这种评价可以从家庭的教育、从书本、从周围人的言语中得到。"贤人"就是那种具备了大多数人都认同的良好品格的人,能与他共处远比阅读他的事迹更加生动,所以古人教育我们善于发现身边的"贤人"要比耳闻"贤人"的故事更受用。贤良并不是做惊天动地了不起的事情,诚实、守信、体贴,哪怕是遵守时间都是"贤"的一种表现。这种小节虽然现代人说得很少,但其实是每个人对别人评价的隐形的"秤"。而这种评价在古代也可以算作一个传统,那就是"人物品评",古人早就把各式各样的人分门别类,对他们的品性特点进行总结和评价,长短毕现,高下立决,可以称得上"人才学"了。

性格分析

　　夫中庸之德,其质无名。故咸而不碱,淡而不,质而不缦,文而不缋;能威能怀,能辨能讷;变化无方,以达为节。是以抗者过之,而拘者不逮。

　　夫拘抗违中,故善有所章,而理有所失。是故:厉直刚毅,材在矫正,失在激讦。柔顺安恕,每在宽容,失在少决。雄悍杰健,任在胆烈,失在多忌。精良畏慎,善在恭谨,失在多疑。强楷坚劲,用在桢干,失在专固。论辨理绎,能在释结,失在流宕。普博周给,弘在覆裕,失在溷浊。清介廉洁,节在俭固,失在拘扃。休动磊落,业在攀跻,失在疏越。沉静机密,精在玄微,失在迟缓。朴露径尽,质在中诚,失在不微。多智韬情,权在谲略,失在依违。

及其进德之日,不止揆中庸,以戒其材之拘抗;而指人之所短,以益其失;犹晋楚带剑,递相诡反也。是故:

强毅之人,狠刚不和,不戒其强之搪突,而以顺为挠,厉其抗;是故,可以立法,难与入微。

柔顺之人,缓心宽断,不戒其事之不摄,而以抗为刿,安其舒;是故,可与循常,难与权疑。

雄悍之人,气奋勇决,不戒其勇之毁跌,而以顺为恇,竭其势;是故,可与涉难,难与居约。

惧慎之人,畏患多忌,不戒其懦于为义,而以勇为狎,增其疑;是故,可与保全,难与立节。

凌楷之人,秉意劲特,不戒其情之固护,而以辨为伪,强其专;是故,可以持正,难与附众。

辨博之人,论理赡给,不戒其辞之泛滥,而以楷为系,遂其流;是故,可与泛序,难与立约。

弘普之人,意爱周洽,不戒其交之溷杂,而以介为狷,广其浊;是故,可以抚众,难与厉俗。

狷介之人,砭清激浊,不戒其道之隘狭,而以普为秽,益其拘;是故,可与守节,难以变通。

休动之人,志慕超越,不戒其意之大猥,而以静为滞,果其锐;是故,可以进趋,难与持后。

沉静之人,道思回复,不戒其静之迟后,而以动为疏,美其懦;是故,可与深虑,难与捷速。

朴露之人,中疑实确,不戒其实之野直,而以谲为诞,露其诚;是故,可与立信,难与消息。

韬谲之人,原度取容,不戒其术之离正,而以尽为愚,贵其虚;

是故,可与赞善,难与矫违。

夫学所以成材也,恕所以推情也;偏材之性,不可移转矣。虽教之以学,材成而随之以失;虽训之以恕,推情各从其心。信者逆信,诈者逆诈,故学不入道,恕不周物,此偏材之益失也。

(选自刘劭《人物志·体别》)

第三章

勉学第八

自古明王圣帝,犹须勤学,况凡庶乎!此事遍于经史,吾亦不能郑重[1],聊举近世切要,以启寤汝耳[2]。

注释

[1] 郑重:频繁。　　[2] 寤(wù):醒悟,理解。

译文

自古以来的贤明圣王都要勤奋学习,更何况普通平民啊!这样的事例在经典史籍里到处都是,我也不能一一罗列,只是举些近代切要的例子,希望能启发提醒你们。

士大夫子弟,数岁已上,莫不被教,多者或至《礼》《传》,少者不失《诗》《论》。及至冠婚[1],体性稍定;因此天机,倍须训诱。有志尚者,遂能磨砺[2],以就素业,无履立者,自兹堕慢,便为凡人。

注释

[1]冠婚:冠礼和婚礼。古代男子到了二十岁,家族要为他举行加冠的仪式,表示成年。仪式过程见《仪礼·士冠礼》;古代男子到了三十岁,可以娶亲,举行婚礼,仪式过程见《仪礼·士昏礼》。《仪礼》所载仪式为先秦的施行情况,后世有所损益。　[2]磨砺(lì):磨炼。

译文

士大夫家的子弟,长到一定的年岁,都开始接受教育,读书读得多的已经学到了《仪礼》《春秋》三传,读得少的也至少学过《诗经》和《论语》。到了二三十岁的年纪,体质性情开始稳定;趁着这个时机,更要多加训诫和劝导。有远大志向的人,就能磨砺意志,继承和发扬家族的基业;不想成就功业的人,从此渐渐简慢堕落,也就成了平凡的人了。

冠　礼

人生在世,会当有业:农民则计量耕稼,商贾则讨论货贿[1],工巧则致精器用,伎艺则沉思法术[2],武夫则惯习弓马,文士则讲议经书。多见士大夫耻涉农商,羞务工伎,射则不能穿札,笔则才记姓名,饱食醉酒,忽忽无事,以此销日,以此终年。

注释

[1]商贾(gǔ):商人。贾,做买卖。　[2]伎:才能,通"技"。沈

思：沉思。

译文

一个人生在这个世界上，应该有所作为。农民应该计算着耕地的事情，商贩应该商讨做生意的事情，工匠们应该追求做出精美的物品，艺人应该研究提高技艺，练武之人经常练习骑马射箭，读书之人专心于经书的研读。可是我们时常见到士大夫耻于农业和商业，又羞于没有擅长的技艺，射箭的本领更加堪忧，提笔也只能写出自己的姓名，整天只是吃饱喝足，无所事事，就这样虚度时日，终了一生。

虽百世小人，知读《论语》《孝经》者，尚为人师；虽千载冠冕不晓书记者，莫不耕田养马。以此观之，安可不自勉耶？若能常保数百卷书，千载终不为小人也。

译文

即使家族祖先没有爵位传下来，能知道去读《论语》《孝经》的人，也是可以为人师表的；而那些世代为官的人家，却不知道文章典籍的人，到最后只能去耕田养马了。由此看来，人怎么能不自我勉励呢？如果家里能够藏有百卷的书籍并认真阅读，不可能永远是平民百姓。

夫明《六经》之指[1],涉百家之书,纵不能增益德行,敦厉风俗[2],犹为一艺得以自资。父兄不可常依,乡国不可常保,一旦流离,无人庇荫[3],当自求诸身耳。谚曰:"积财千万,不如薄伎在身。"伎之易习而可贵者,无过读书也。世人不问愚智,皆欲识人之多,见事之广,而不肯读书,是犹求饱而懒营馔[4],欲暖而惰裁衣也。

注释

[1]《六经》:指《易》《诗》《书》《礼》《乐》《春秋》六部经典,但《乐》在先秦已经亡佚。 [2]敦厉:敦厚砥砺。 [3]庇(bì)荫:比喻尊长的照顾或祖宗的保佑。 [4]营馔(zhuàn):置办膳食。

译文

能够明白"六经"所讲的道理,广泛涉猎各家各派的著述,即使不能提高自身的品德操行,帮助敦厚砥砺社会风气,也可以作为一技之长聊以维持生计。父亲兄弟的家族力量不能一直依靠,乡党国家也未必能够一直提供保护,人一旦流离失所,得不到别人的庇护帮助,就只有自力更生了。谚语说:"有千万家业,不如有一技之长。"人人都可以学各种技能，而且学了之后受人尊重的，没有比得过读书的了。世上的人不论愚钝还是聪慧，想要多阅历人生，见多识广，却不肯读书的，就好比想要填饱肚子却不去准备食物，想要取暖却懒得做衣裳一样。

有客难主人曰[1]："吾见强弩长戟，诛罪安民，以取公侯者有矣；文义习吏，匡时富国[2]，以取卿相者有矣；学备古今，才兼文武，身无禄位，妻子饥寒者，不可胜数，安足贵学乎？"主人对曰："夫命之穷达，犹金玉木石也；修以学艺，犹磨莹雕刻也。金玉之磨莹，自美其矿璞；木石之段块，自丑其雕刻。安可言木石之雕刻，乃胜金玉之矿璞哉？不得以有学之贫贱，比于无学之富贵也。且负甲为兵，咋笔为吏[3]，身死名灭者如牛毛，角立杰出者如芝草；握素披黄[4]，吟道咏德，苦辛无益者如日蚀，逸乐名利者如秋荼[5]，岂得同年而语矣。"

注释

[1]有客难主人：这是古文中常见的设问形式，主人指作者。[2]匡(kuāng)：纠正。　[3]咋(zé)笔：操笔，古人构思作文时常

口咬笔杆,故称。　[4]握素披黄:一手持书,一手握笔,指专心研究学问。素,白绢,古代用以书写;黄,雌黄,古代用以校点书籍。[5]秋荼(tú):荼至秋而繁茂,因以喻繁多。荼,一种苦菜。

译文

有人诘问我说:"我见过骑在马上,使用弓箭和长戟的人,消灭罪人,安抚百姓,因此封为公侯;也有通晓文辞熟悉为官之道,能够匡救时弊、富强国家的人,因此拜为相卿;而那些学问贯通古今,文采武略兼备的人,却是无官无禄,妻子孩子还要挨饿受冻,这样的人多得数不清,为什么还要如此看重读书呢?"主人回答说:"人命运的不济或发达,就好比金玉木石一样,学习技艺,好比打磨雕刻金和玉。金和玉只有打磨了以后,才能比原来刚从矿里挖出来的璞物更美;木头和石块,也比不过雕刻之后。但怎么能说经过雕琢的木石胜过刚挖出来的金玉矿璞呢?所以不可以把有学问的贫贱之人和不学无术的富贵之人相提并论。况且披上铠甲的士兵和拿起笔杆的官吏,最终身死名灭的人多如牛毛,而卓尔不群的人则凤毛麟角;那些专心研究学问、反复体会道德的人,最终辛苦却无所裨益的像日食一样难得一见,而追求安逸名利的人却像秋天茅草上的白花一样多,怎么可以把两者相比较呢?"

人见邻里亲戚有佳快者[1],使子弟慕而学之,不知使学古人,何其蔽也哉!世人但知跨马被甲，长矟强弓[2]，便云我能为将；不知明乎天道，辩乎地利，比量逆顺，鉴达兴亡之妙也。但知承上接下，积财聚谷，便云我能为相；不知敬鬼事神[3]，移风易俗，调节阴阳[4]，荐举贤圣之至也；但知私财不入，公事夙办[5]，便云我能治民；不知诚己刑物[6]，执辔如组[7]，反风灭火[8]，化鸱为凤之术也[9]；但知抱令守律，早刑晚舍，便云我能平狱；不知同辕观罪[10]，分剑追财[11]，假言而奸露[12]，不问而情得之察也[13]。

注释

[1]佳快：佳人快士，非平庸之辈。快，称心。　[2]矟(shuò)：弓。　[3]敬鬼事神：古代人认为祭祀天地之神和祖先可以保佑在世后人。神，古代有系统的天、地、四方等神。鬼，去世的祖先们。[4]调节阴阳：古代人认为出现旱涝灾害、火灾、歉收、日月食等非常现象都是人间秩序失常，阴阳失调招致的来自天的警示，所以统治者要行善政来治理国家。　[5]夙(sù)：早。　[6]刑物：为别人做榜样。刑，通"型"。　[7]执辔(pèi)如组：驾驭马车就像织丝带一样有条理，比喻治理百姓有条不紊。语出《诗·邶风·简兮》。　[8]反风灭火：东汉刘昆的故事。刘昆在光武帝时任江陵令，县里连年发生火灾，只要刘昆向火叩首，多能祈得停风降雨、熄灭大火，因此刘昆为江陵人称颂。典出《后汉书·儒林传》。

[9]化鸱(chī)为凤：东汉仇览的故事。仇览是陈留郡考城县人，被推举为县里的蒲亭长，下辖地方有一个叫陈元的人不孝敬母亲，经仇览的劝导后成为孝子，于是当地人称颂仇览。鸱，鸱鸮，猫头鹰的一种，指邪恶之人。典出《后汉书·循吏传》。　　[10]同辕观罪：指将有罪之人安置在一起，使其明白自己的罪行。　　[11]分剑追财：西汉何武的故事。何武任沛郡太守，郡里有个富人，妻子早死了，自己临死的时候儿子还很小，女儿已经出嫁却不贤惠，他假意把所有财产全传给女儿，只留一把剑给儿子，还嘱咐说要等到儿子长到十五岁才能给。可是等到儿子长到十五岁时，女儿连剑也不肯给了。于是儿子告到何武那里，何武裁断说，当初富人把财产传给女儿就是怕女儿加害儿子，剑象征决断，估计十五岁时儿子足以有能力要求重新分配遗产，于是把富人所有的财产判给了儿子。典出《太平御览》卷六三九引《风俗通》。　　[12]假言而奸露：北魏李崇的故事。李崇任扬州刺史，当地有个叫苟泰的人，儿子三岁时被别人偷抱走了。过了好几年发现是被同县的赵奉伯收养，于是告到官府，但双方都争辩说孩子是自己的，还找来邻居作证。于是李崇就命人把孩子藏起来，过了些时日，假意告知双方孩子暴病身亡了，苟泰听到了号啕大哭，而赵奉伯只是叹息而已。李崇由此知道孩子为苟泰所生，将孩子判还给他。典出《魏书·李崇传》。　　[13]不问而情得：西晋陆云的故事，陆云是陆机的弟弟。陆云任浚仪令，有人被杀，陆云命人把死者的妻子收押，却不审讯，过了十几日放掉，让衙役偷偷跟随妇人，嘱咐说："不出十里路，应该会有男子等着她并和她说话，把这人绑来。"果然捉到了这样的人。原来此人与妇人私通，合谋将丈夫杀害。听说妇人获释，此人立刻迎候关切，终被官府逮捕。因此，县人都称颂陆云神

机妙算。典出《晋书·陆云传》。

译文

  有人看见邻里或者亲戚中有看上去不错的人物,就要求孩子们追慕学习他,却不知道让孩子们去学习古人,这是何等的不明所以啊!世人只知道能骑马披甲、带弓用箭,这样就可以带兵打仗;却不知道将才必须体会天道之运,分辨地理之利,比较衡量逆时顺势,具有明察国家兴亡的能力。只知道承和上方的指令,传达到下面实施,积累财富囤积粮食,这样就可以为官做宰;却不知道宰相必须敬畏、祭祀鬼神,移风易俗,行事谨慎以防止天灾,推举贤明圣才;只知道不谋私财,连晚上都在处理公务,这样的人就能治民;却不知道具备诚意待人、为人师表、治理有方、虔诚行事、潜心教化的本领。只知道抱着法令遵守律例,尽早判刑,推迟赦免,以为这样的人就能判决、平息人们的纠纷;却不知道要有同辕观罪、据情理判议、洞察曲情的本事。

  夫所以读书学问,本欲开心明目,利于行耳。未知养亲者,欲其观古人之先意承颜,怡声下气,不惮劬劳[1],以致甘腝[2],惕然惭惧,起而行之也。未知事君者,欲其观古人之守职无侵,见危授命,不忘诚谏,以利社稷,恻然自念,思欲效之也。素骄奢者,欲其观古人之恭俭节用,卑以自牧,礼为教本,敬者身基,瞿然自失[3],敛容抑志也;素鄙吝者,欲其观古人之贵义轻财,少私寡欲,忌盈恶满,赒穷恤匮[4],赧然悔耻[5],积而能散也;素暴悍者,欲其观古人之小心黜己[6],齿弊舌存,含垢藏疾,尊贤容众,苶然沮丧[7],若不胜衣也;素怯懦者,欲其观古人之达生委命,强毅正直,立言必信,求福不回[8],勃然奋厉,不可恐慑也;历兹以往,百行皆然。纵不能淳,去泰去甚[9]。学之所知,施无不达。

注释

[1]劬(qú)劳:劳苦,勤劳。 [2]腝(ruǎn):同"软"。 [3]瞿然:惊骇的样子。 [4]赒(zhōu)穷恤匮:接济穷苦,抚恤匮乏。赒,接济,救济。 [5]赧然:惭愧脸红的样子。 [6]黜(chù):贬抑。 [7]苶(nié):疲倦的样子。 [8]求福不回:祈求神明的保佑,不走歪门邪道。语出《诗经·大雅·旱麓》。 [9]去泰去甚:去除过分之处。泰,过甚。

译文

人之所以要读书做学问,本来是希望开通心窍,看清世情,有利于行事。不知道如何侍奉双亲的人,应该看看古人如何体贴父母的意思,观察父母的表情,说话温柔恭敬,不辞劳苦,为父母准备可口的食物,使他们感到惭愧自责,也就照办着做起来。不知道如何效忠君主的人,应该看看古人如何尽忠职守,临危受命,为江山社稷,不忘记说真话批评,使他们感到自惭形秽,也就仿效着做起来。素来骄傲奢侈的人,应该看看古人如何节俭却不失恭敬,谦卑养德,行礼作为教化的根本,恭敬作为立身的根基,使他们惶恐于自己的过失,也就收敛行为,不再趾高气扬了;素来卑鄙吝啬的人,应该看看古人如何贵义疏财,减少私欲,疾恶如仇,接济穷苦之人,使他们羞愧自己的行为,把聚敛的财富散给需要的人;素来凶暴强悍的人,应该看看古人如何处处小心收敛,约束自己,忍气吞声,尊重贤者,宽容众人,使他们一改凶悍的气势,沮丧软弱连穿衣服的力气也没有了;素来生性怯懦的人,应该看看古人如何豁达地看待人生多舛的命运,坚强正直,言出必行,光明正大地祈求神明的保佑,使他们自强奋发,没有什么可以吓倒他们。历数这些过去的事,每一种品行都是一样的道理。即使不能达到醇正的程度,至少去掉过分之处。运用从学习中得到的这些道理,做起任何事来都能恰到好处了。

　　世人读书者,但能言之,不能行之,忠孝无闻,仁义不足;加以断一条讼,不必得其理;宰千户县,不必理其民;问其造屋,不必知楣横而棁竖也[1];问其为田,不必知稷早而黍迟也;吟啸谈谑,讽咏辞赋,事既优闲,材增迂诞[2],军国经纶,略无施用。

故为武人俗吏所共嗤诋[3],良由是乎!

注释

[1]棳(zhuō):梁上的短柱。　　[2]迂诞:荒唐远出事理之外。　　[3]嗤诋(chī dǐ):讥笑毁谤。

译文

世上的读书人,往往只能嘴上说说大道理,真的行起事来却不能做到,于是读书人看起来不见得忠诚孝敬,充满仁义;争讼断狱,不一定能弄清事理;治理千户小县,不一定能管理好百姓;问他如何造房子,不一定能知道房屋的结构;问他如何种田,也不一定能知道各种庄稼的成熟早晚。他们只会吟风弄月,玩赏诗赋,做起事来优雅闲适,迂阔荒诞,只知道军事国家大事的道理,却不知如何付诸实践。所以,他们被武夫官吏所不屑,原因正在于此。

夫学者所以求益耳。见人读数十卷书,便自高大,凌忽长者,轻慢同列;人疾之如仇敌,恶之如鸱枭[1]。如此以学自损,不如无学也。

注释

[1]鸱枭(chī xiāo):亦作"鸱鸮",比喻奸邪之人。

译文

读书学习是为了提高自身的素养。有的人读了一点点书就自高自大起来,不把长者放在眼里,对同辈也怠慢无礼。这样的人被人视如仇敌般痛恨,如鸱枭般厌恶。如此以学问损害自己,还不如不学习。

古之学者为己,以补不足也;今之学者为人,但能说之也。古之学者为人,行道以利世也;今之学者为己,修身以求进也。夫学者是犹种树也,春玩其华,秋登其实;讲论文章,春华也,修身利行,秋实也。

译文

古时候的学者为自己而学,弥补自己的不足;今日的学者为了别人而学,只能口若悬河。古时候的学者为别人,是行使道义,为社会做贡献;今日的学者为自己,获取知识、修身养性、求进于仕途。做学问好比种树,春天观赏其花朵,秋天收获累累果实;讲说评论文章,就好比是春天的美景,修身利行,好比是秋天的硕果。

人生小幼,精神专利,长成已后,思虑散逸,固须早教,勿失机也。吾七岁时,诵《灵光殿赋》[1],至于今日,十年一理,犹不遗忘;二十之外,所诵经书,一月废置,便至荒芜矣。然人有坎壈[2],失于盛年,犹当晚学,不可自弃。孔子云:"五十以学《易》,可以无大过矣。"

注释

[1]《灵光殿赋》:西汉鲁恭王建造了灵光殿,经过战乱到了东汉还保存完好,东汉王延寿作《鲁灵光殿赋》,收入《文选》。
[2]坎壈(lǎn):不平,喻遭遇不顺利,也作"坎廪(lǐn)"。

译文

人年幼时,神志专一,长大成年以后,思虑分散放逸,所以教育一定要从小做起,不要错失了时机。我七岁的时候,背诵《灵光殿赋》,直到今天,还能通过每十年温习一遍而始终不忘;但二十岁以后背诵的经书,一个月放在一边不理会,便荒疏了。然而,人生总有不顺利的时候,盛年的时候失学,晚年就更应该学习,不可以自暴自弃。孔子说:"五十岁学习《易》,可以没有大的过失。"

世人婚冠未学,便称迟暮,因循面墙[1],亦为愚耳。幼而学者,如日出之光,老而学者,如秉烛夜行,犹贤乎瞑目而无见者也。

注释

[1]面墙:喻不学,如面向墙而一无所知。

译文

世上的人如果二三十岁还没有开始学习,总被认为太晚了,如果因循这样的想法而放弃学习,真是愚笨。年幼就开始学习的,好像日出的光芒;年迈才开始学习的,好比拿着蜡烛在夜里行路,但总比眼睛什么都看不见强多了。

夫老、庄之书,盖全真养性,不肯以物累己也。故藏名柱史[1],终蹈流沙;匿迹漆园[2],卒辞楚相,此任纵之徒耳……直取其清谈雅论[3],剖玄析微,宾主往复,娱心悦耳,非济世成俗之要也……性既顽鲁,亦所不好云。

注释

[1]柱史:古代官名,柱下史的简称。相传老子曾为此官。[2]漆园:漆园吏。相传庄子曾为此官。　　[3]清谈:即玄谈,指魏晋间学人崇尚老庄,竞谈玄理,成为一时风气。

译文

老子、庄子的书,讲的都是保全人的天性,不要让世间的事物拖累自己。所以老子做柱下史而不为人所知,最后西游入流沙地,不知所终。庄子做过漆园吏而隐匿踪迹,拒绝出任楚国的丞相,他们都是任性放纵的人……老庄思想只关注清谈雅论,剖析玄妙,宾客和主人你来我往,娱乐心情,都是些对世事风俗无济于事的谈说……我天性冥顽鲁钝,对道家并不喜欢。

古人勤学,有握锥投斧[1],照雪聚萤[2],锄则带经[3],牧则编简[4],亦为勤笃。

注释

[1]握锥:战国时秦国人苏秦读书的时候,手里拿着锥子,一旦倦意袭来,就刺自己的大腿,提振精神继续看书,因此血都流到了脚上。典出《战国策·秦策》。投斧:西汉人文党年少时进山伐木,对同行的人说想离开家乡求学,于是向树上掷斧来试探老天爷的

意思，如果斧挂在树上，则说明他可以出行。结果斧头挂在树上，他就去了长安求学。典出《太平御览》卷六一一引《庐江七贤传》。
[2]照雪：东晋人孙康家贫，常映雪读书。典出《初学记》引《宋齐语》。聚萤：东晋人车胤家贫，夏夜里捉萤火虫放在囊中，借光读书。典出《晋书·车武子传》。　　[3]锄则带经：西汉人儿宽带着经书下地干活，一有空休息就开始读书。典出《汉书·儿宽传》。
[4]牧则编简：西汉人路温舒牧羊时，摘下草泽中的蒲做简策，编连起来书写。典出《汉书·路温舒传》。

译文

古人勤奋学习的例子不胜枚举，有锥刺股的苏秦，投斧的文党，映雪的孙康，聚萤借光的车胤，带经锄地的儿宽，放牧编简的路温舒，都是非常刻苦的。

《书》曰："好问则裕[1]。"《礼》云："独学而无友，则孤陋而寡闻[2]。"盖须切磋相起明也。见有闭门读书，师心自是[3]，稠人广坐，谬误差失者多矣。

注释

[1]好问则裕：善于发问增长人的知见。语出《尚书·商书·仲虺之诰》。　　[2]独学而无友，则孤陋而寡闻：独自学习而不与人交流，就会变得孤陋寡闻。语出《礼记·学记》。　　[3]师心自是：

形容自以为是,不肯接受别人的正确意见。

译文

《尚书》上说:"善于提问的人知见更丰富。"《礼记》上说:"独自学习而不与人交流的读书人,就会变得孤陋寡闻。"可见,学习之人要在相互切磋探讨中越来越明理。我遇见过关起门来读书、自以为是的人,一旦到了其他读书人中间,才发现自己的见识差得太多了。

夫文字者,坟籍根本[1]。世之学徒,多不晓字:读《五经》者,是徐邈而非许慎[2];习赋诵者,信褚诠而忽吕忱[3];明《史记》者,专徐[4]、邹而废篆籀[5];学《汉书》者,悦应、苏而略《苍》[6]《雅》[7]。不知书音是其枝叶,小学乃其宗系[8]。至见服虔[9]、张揖音义则贵之[10],得《通俗》《广雅》而不屑。一手之中,向背如此,况异代各人乎?

注释

[1]坟籍:古籍。　[2]徐邈:三国魏人,撰有《五经音训》。传见《晋书·儒林传》。许慎:东汉人,撰有《五经异义》《说文解字》等。传见《后汉书·儒林传》。　[3]褚诠:事迹不详。其说为汉代扬

雄、唐代陆德明称引。吕忱：晋代人，撰有《字林》等。　　[4]徐：南朝宋徐野民，撰有《〈史记〉音义》等。　　[5]篆籀：篆文和籀文，这里是对汉代使用的隶属之前的所有古文字的统称。　　[6]应、苏：应劭，东汉人，撰有《汉官仪》《风俗演义》等；苏林，东汉人，五经博士。《苍》：《仓颉篇》，秦丞相李斯撰，字书，是小篆书体的范本。　　[7]《雅》：《尔雅》，最早解释词义的书，后收入《十三经》。　　[8]小学：汉代以前，礼、乐、射、御、书、数都是小学科目。汉代以后，小学成为文字训诂学的专称。　　[9]服虔：东汉经学家，尤其长于《春秋左传》，撰有《春秋左氏传解》《通俗文》等。　　[10]张揖：三国时魏人，经学家，撰有《广雅》，是对《尔雅》的补充。

译文

　　通晓文字是阅读古籍的根本功夫。世上求学的人，大多并不真正识字：研读《五经》的人，只认可徐邈却否定许慎；学习辞赋的人，坚信褚诠却忽略吕忱；研究《史记》的人，专情于徐野民、邹诞生之流，却不去翻一下篆籀文的字书；学习《汉书》的人，偏爱应劭和苏林的解说，却忽略《仓颉篇》和《尔雅》的记载。他们不知道对于文字来说，语音只是末节，根本的是解释字义的训诂。以至于见到服虔、张揖写的音义书就十分重视，而对于同是两人所撰的《通俗文》和《广雅》却十分不屑，出自同一人之手的著作尚且厚此薄彼，更何况不同时代不同人的著作呢？

夫学者贵能博闻也。郡国山川，官位姓族，衣服饮食，器皿制度，皆欲根寻，得其原本；至于文字，忽不经怀，己身姓名，或多乖舛[1]，纵得不误，亦未知所由。

注释

[1]乖舛(chuǎn)：背离和错误。

译文

做学问的人以见识广博为贵。郡县、国家，山川、河流，官名、家族、衣服、饮食、器具、制度的名称，都想要追根溯源，探求它们的最初意思；但对于文字，好像并不十分上心，连自己姓名的解释，也时常出现错误或解释不通，即使没有错误，也不知道它的由来。

校定书籍，亦何容易，自扬雄、刘向[1]，方称此职耳。观天下书未遍，不得妄下雌黄。或彼以为非，此以为是；或本同末异；或两文皆欠，不可偏信一隅也。

注释

[1]刘向:西汉经学家、文学家,编撰了我国最早的目录学著作《别录》。

译文

校勘写定书籍,不是一件容易的事情,汉代的扬雄、刘向,才称得上称职。没有遍览天下书籍,就不能对原本妄下判断。有时候认为那个版本错了,这个版本对了;有时候两个版本大致一样,只是有些小出入;还有的时候两个版本都有些瑕疵,所以校勘的时候不能只偏信一种看法,而是要多看不同的书来求证。

延伸阅读

人出生时候的样子都是差不多的。可是长到成年时,人和人竟然大不一样,有的人隽秀,有的人粗鄙,有的人渊博,有的人浅薄,造成这种不同的最大原因就是学习。中国人是最知道学习对于人的意义的,所以从先秦诸子开始,就不断有人提到学习的重要性。而颜之推这篇关于学习的论说,可以说是"真挚剀切,精粗具备,本末兼赅"(清人朱轼的评价),既不讲高远的大道理,也不要人做书呆子,既有对研读书目的概览,又有细节上的指点。读书人务虚常被世人所不屑,只知高谈阔论,做起事来却让人啼笑皆非。而真正的有识之士在谈论学习时,学习一定不仅仅是"读书",而是为了让人更好地适应世务,甚至创造价值而进行的自我拓展。人的学习能力是非常奇妙的，有了书本的帮助，人就可以变得神通广大，不用去远方也能"知道"，不用站到高处也能"看到"，最重要的是，体验到人的无穷潜力。学习是多么令人振奋的事情，在一点一滴的积累中，变得让自己也刮目相看。学习对于人和国家的命运同样举足轻重，一个善于学习、不抱残守缺的民族才能在未来依然保持微笑。日本近代最重要的思想家之一福泽谕吉对于学习的理解，就启蒙了日本的文明，带来了日本的繁荣。

福泽谕吉谈两种学问的主旨

细察人们的身心活动，可以分为两类：第一，是指个人本身的活动；第二，是指社会上伙伴之间有关交往的行动。

第一，以身心的活动来解决衣、食、住问题，使自己能过安乐的生活，这可以说是属于个人本身的劳动。人类所需要的衣食住等生活资料，自然界已经提供99%，所加的人力只有一分。所以不能说一切都是人力造成的，其实人们只像是拾取路旁现成之物罢了。

因此人们自谋生活，不是什么难事，完成此事，更没有值得夸耀之处。独立生活固然是人们的一件大事，古人说过"你必汗流满面，才得糊口"。但是我以为只是做到这点，人的任务还是没有完成，古人的说法只是让人不逊于禽兽罢了。试看禽兽鱼虫哪个不会自己寻找食物，而且不但能求一时的满足，像蚂蚁那样，为了未来还在地下掘洞做窝，储蓄过冬的食物。

如果人们像上面所说的那样，只是为着满足衣食住而生存，那么人生在世就只是生和死，死时和生时的情形毫无差异。这样世代相传，就是经过了几百代，一村的情形还是依然如故。没有人创办社会上的公共事业，既不造船，又不修桥，除一人一家的孤立生活之外，全都听任自然，在生死居住的土地上不留下一点痕迹。西洋人说："世上的人如果只求自己满足，安于小康，那么，今天的世界同洪荒时代的世界又有什么区别呢？"这句话是绝对正确的。固然满足也分两种，切勿混淆。如果得寸进尺，永远没有满足，就叫作"奢望"或"野心"。但如充分进行脑力或体力劳动，而不能达到应该达到的目的，便是"愚蠢"。

第二，人性最喜群居，不能孤立独处。只是和父子、夫妇共同生活，尚不能感到满足，还要同广大群众往来。交际越是广泛，越是感到幸福，这就是人类社会的起因。一个人既然活在世上，成为交际的一员，就有他应尽的义务。世上的学问，如工业、政治、法律等都是为着社会而设立的，若是人们互不往来，就什么也不必要了。政府之所以制订法律，是想防治坏人，保护好人，以维护社会的安全；学者之所以著书教人，是想启发后辈的智慧，以保持社会的进步。古时中国人说过："治天下如同分肉，必须公平分配"；又说："除去院里的草，不如扫除天下"。这都是旨在改进人类社会的名言。凡人苟有所得，都愿意对于社会有所贡献，这可以说是人之常情。也有人在无意之间为世间做些好事，让后世子孙深受其惠。正因人类具此性格，才能尽到社会的义务。

世上无论何事都是这样向前推进的，昨天认为便利的，今天便觉笨拙，去年认为新颖的，今年便觉陈旧。试看西洋各国的进步情形，其各种各样的电器和蒸汽机器，没有不是日新月异竞相改进的。岂但有形的机器为然，在另一方面，人类的智慧愈开，则交际愈广，交际愈广，则人情愈和，因此就用国际公法来限制战争。同时经济之学日盛,政治商业之风一变,学校的制度,著作的体裁,政府的措施和议院的会议,都愈改愈精,全无止境。试读西洋文明历史,从1600年到1800年的二百年间,其长足发展的情形,实足令人惊叹,简直令人想不到是一个国家的历史。若究其进步的根源,无非是古人的遗产,前辈的恩赐而已。

西洋学说逐渐盛行,终于推倒旧政权,废除藩治。我们不能把这种变动,只看成是战争的结果。须知文明的功用不能以一场战争而了结。所以这次变动不是战争所引起,而是文明所促成的人心的动荡。因此战争虽已于七年以前结束,其痕迹消失,而人心之动荡依然存在。一切事物必须有引导的力量才能推动。首倡学问之道,把天下人心导向高尚领域,目前尤为大好机会,所以逢此机会的人,即现在的学者应该为着社会的福利而努力。

(选自商务印书馆汉译世界学术名著《劝学篇》)

(注:福泽谕吉(1835—1901年),日本近代杰出思想家,堪称"启蒙教父"。他出生于德川时代末期下级的武士之家,早年学习西学,并三度游历欧美,深受西方民主思想和近代科学的影响,因此立志改造当时日本落后的封建制度及其意识。《劝学篇》是他的代表作,对日本近代思想影响巨大。目前发行的日本货币印有福泽谕吉的头像,以纪念他对日本做出的贡献。)

第四章

文章第九

夫文章者，原出《五经》：诏命策[1]檄[2]，生于《书》者也；序述论议[3]，生于《易》者也；歌咏赋颂，生于《诗》者也；祭祀哀诔[4]，生于《礼》者也；书奏[5]箴[6]铭[7]，生于《春秋》者也。朝廷宪章，军旅誓诰[8]，敷显仁义[9]，发明功德，牧民建国，施用多途。至于陶冶性灵，从容讽谏，入其滋味，亦乐事也。行有余力，则可习之。

注释

[1]诏命策：三种文体，都是皇帝颁布的命令文告。　[2]檄(xí)：一种文体，用于征召、晓喻、申讨等。　[3]序述论议：四种文体。序、述相当于记叙文，论、议相当于议论文。　[4]诔(lěi)：古代叙述死者生平，表示哀悼(多用于上对下)的文章。　[5]书

奏:古时臣下向朝廷上书的文章。　[6]箴:用于规谏、告诫的文章。　[7]铭:用于称述功德,或用以自警的文章。多刻在钟鼎或碑石上。　[8]誓:告诫将士的言辞。诰:帝王任命或封赠的文书。　[9]敷:饶足。

译文

　　文章的体裁,来源于"五经":诏书、命、策、檄,出自《尚书》;序、述、论、议,出自《周易》;歌、咏、赋、颂,出自《诗经》;祭、祀、哀、诔,出自《礼经》;书、奏、箴、铭,出自《春秋》。朝廷的典章,军队的誓诰,用来宣扬仁义,彰明功德,治理百姓,建设国家,各种文体有各自的用途。至于陶冶性灵,委婉地抒发讽谏,能够深入地体会其中滋味,不失为一件令人愉悦的事情。如果学有余力,不妨学习一下各种文体。

　　文章之体,标举兴会,发引性灵,使人矜伐[1],故忽于持操,果于进取。今世文士,此患弥切,一事惬当[2],一句清巧,神厉九霄,志凌千载,自吟自赏,不觉更有傍人。加以砂砾所伤,惨于矛戟,讽刺之祸,速乎风尘,深宜防虑,以保元吉。

注释

[1]矜伐:居功自夸。　　[2]惬(qiè)当:恰如其分,合乎情理。

译文

文章的作用在于凸显作者的兴致所在,展开性灵的思考,这容易让人炫耀自己的才能,从而忽视应该恪行的操守,一味卖弄玩巧。这样的毛病在现今的文士身上更加切紧,一个典故用得恰当,一个句子写得清新巧致,心神一下子就飞上了九霄,意气胜过千年,自我吟咏玩赏,眼里都不知道还有其他人了。再加上言辞的伤害,比矛戟等武器更加惨烈,讽刺招来的灾祸,比风尘的速度还要快,所以要格外防患,以保平安。

　　学问有利钝,文章有巧拙。钝学累功,不妨精熟;拙文研思,终归蚩鄙[1]。但成学士,自足为人。必乏天才,勿强操笔。吾见世人,至无才思,自谓清华,流布丑拙[2],亦以众矣。

注释

[1]蚩:嘲笑,同"嗤"。　　[2]拙(zhuō):笨,不灵巧。

译文

做学问有敏锐和迟钝之别,写文章有精巧和拙劣之别。迟钝的人只要不断用功积累,也能达到精通熟练;拙劣的文章再如何思考研究,最终还是粗鄙不堪。其实只要读过书,就足够立足于世了。但如果没有天分,就不要勉强写文章了。我见过有的人极其缺乏才思,却自命不凡,还到处宣传自己写的拙劣文章,这样的人还不少。

学为文章,先谋亲友,得其评裁,知可施行,然后出手;慎勿师心自任,取笑旁人也。自古执笔为文者,何可胜言,然至于宏丽精华,不过数十篇耳。但使不失体裁,辞意可观,便称才士;要须动俗盖世,亦俟河之清乎!

译文

学习写文章,先与亲友探讨构思,让大家评判裁定,知道可以拿得出手时,再成文示人。千万不要师心自用,弄得只好被人取笑。自古以来写出来的文章数不胜数,但其中能称得上宏大瑰丽、精粹光华的,不过几十篇而已。文章只要体裁规矩,文辞内容值得一读,能写这样文章的人就可以称得上有才之士了;要做到超尘拔俗的话,就像等到黄河变清澈一样难了。

凡为文章，犹人乘骐骥[1]，虽有逸气，当以衔勒制之，勿使流乱轨躅[2]，放意填坑岸也。

注释

[1]骐骥：良马。　　[2]轨躅(zhú)：车行之迹。比喻为法规、规范。

译文

作文之事，就好比人骑良马，虽然马儿有骏逸之气，仍然需要套上缰绳牵制它，不要让它乱了步伐，恣意跃入坑岸。

文章当以理致为心肾，气调为筋骨，事义为皮肤，华丽为冠冕。今世相承，趋末弃本，率多浮艳。辞与理竞，辞胜而理伏；事与才争，事繁而才损。放逸者流宕而忘归[1]，穿凿者补缀而不足。时俗如此，安能独违？但务去泰去甚耳。必有盛才重誉，改革体裁者，实吾所希。

注释

[1]流宕(dàng)：指诗文流畅恣肆。

译文

文章应当以义理情致为心肾,气韵风格为筋骨,用典藏义为皮肤,华丽辞藻为冠冕。如今文章传承的特点,却是舍本求末,大都轻浮艳丽。辞藻和义理相竞,辞藻的华丽掩盖了所要表达的义理;用典和才思相争,烦琐的典故影响了才思的发挥。那些放逸的文章,只追求恣意铺陈的效果而不知主旨所云;那些刻意雕琢的文章,只见材料的堆砌却文采不足。这就是如今的文风,又有什么人能独善其身呢?只要不偏离得更远也就罢了。如果有才华卓群、声名远播的人物,能够改革文章的体制,这正是我所希望的。

古人之文,宏材逸气,体度风格,去今实远;但缉缀疏朴,未为密致耳。今世音律谐靡[1],章句偶对,讳避精详,贤于往昔多矣。宜以古之制裁为本,今之辞调为末,并须两存,不可偏弃也。

注释

[1]靡(mǐ):细腻,细密。

译文

古人的文章,题材宏阔,潇洒飘逸,文体大气,风格高古,较之今日的文章实在差别很大;但是在文章的用词和转接上却粗疏朴质,不够周密细致。今日的文章音律和谐华丽,章句对偶工整,避讳精细详密,胜过古人许多。应该以古文的体裁风骨为根本,今日的用词音律为末节,两者并列共存,不偏废任何一个。

凡代人为文,皆作彼语,理宜然矣。至于哀伤凶祸之辞,不可辄代[1]。

注释

[1]辄(zhé):连词,就。

译文

凡是为他人代笔,应该以他人的口气说话,道理上应该是这样的。而表达哀伤凶祸内容的文章,就不能轻易地代人落笔了。

凡诗人之作,刺箴美颂[1],各有源流,未尝混杂,善恶同篇也。

注释

[1]箴(zhēn):劝告,劝诫。

译文

凡是诗人的作品,无论是讽刺、箴规、赞美、歌颂,都有各自的源头和历史,从来都不会混淆杂陈在一起,也不会把褒扬和唾弃写在一起。

自古宏才博学,用事误者有矣;百家杂说,或有不同,书傥湮灭[1],后人不见,故未敢轻议之。

注释

[1] 傥(tǎng):可惜,怅然。

译文

自古以来,那些才学宏富广博的学者,引用典故出错的也不乏其人;诸子百家提出了各种各样的观点,对同一件事的看法不尽相同,可惜古籍大都散佚消失了,后来人看不到,无法求证,所以不敢轻易地议论。

延伸阅读

阅读和写作是读书人的"输入"与"输出",颜之推谈了做人后,就接着说写文章的事情了。《文章篇》不谈文章遣词造句,也

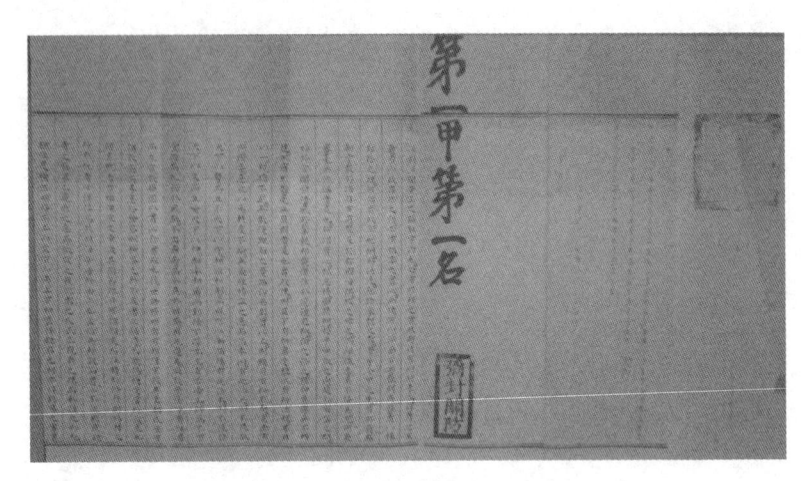

科举状元卷

不谈结构布局,其实说的还是做人的道理。一个真正优秀的人一定写得出好文章,但一篇好的文章未必出自一个优秀的人,这正是做人和作文的本末关系。读书读得多,自然胸中有墨,妙语连珠,但这些学问是卖弄,还是真挚,则与读书多少无关,而是关乎人品。中国古代文学的音韵、章句中的技巧可谓登峰造极,各种体裁的佳作可谓美不胜收,颜之推所处的时代,六朝文学更是辉煌炫目。仅《文选》一部便让后人技穷,但在拨开华丽的珠玑后,能否看到作者高尚的品格,让读者获得灵魂的愉悦,却是一位长者对刚学会作文的后辈的忠告。一个是身披华丽之后的返璞归真,一个是才欲大展身手的年轻才子,两人同样面对这样洗尽铅华的世谕,一定怀着两种不同的感受,这正是文人与文心的区别。古文中典故运用中的是是非非,可以看作古人作文时心(品格)、脑(知识)、笔(写成的文章)之间的微妙权衡。

典故探源

文言与现代汉语差别相当大,在大家日常都用现代汉语的时候,给别人讲文言或自己读文言,因为生疏,会感到很困难。困难中最大的一种是文言作品常常用典(也称"用事""隶事")。典故的出处成千上万,如果不知道出处,有很多就不能理解或不能确切地理解。人所知有限而典故无涯,因而通晓典故的困难就比较难以解决。本文自然也不能提供什么灵丹妙药,只是想谈谈有关这个问题的一些粗略情况,希望对初学的人能够有些帮助。

先说说什么是用典。用定义的形式说是:用较少的词语拈举特指的古事或古语以表达较多的今意。看下面的例子:

1. (赵明诚)取笔作诗,绝笔而终,殊无分香卖履之意。(李清照《金石录后序》)

2. 弟则虑多口之不在彼也,如履如临,曷能已已。(林则徐《答龚定庵书》)

3. 吹竽已滥,汲绠不修。(马端临《文献通考序》)

例1,"分香卖履"是引用陆机《吊魏武帝文》引魏武帝遗令的古事,以表达挂心身后的私事。例2,"如履如临"是引用《诗经·小雅·小旻》"如临深渊,如履薄冰"的古语,以表达环境特别艰险。例3,"吹竽已滥"是引用《韩非子·内储说上》南郭处士吹竽的古事,以表达无才而勉强充数;"汲绠不修"是引用《庄子·至乐》"绠短者不可以汲深"的古语,以表达学识浅陋,难当大任。

从上面的例子可以知道,所谓用典要具备三个条件:一、引古以说今;二、古事或古语是特指的;三、言简而意多。按照第一个条件,历史性的叙述,本意就在介绍古事,不是用典。这里需要特别说明的是第二个条件,古事或古语是特指的,因为这牵涉到用典和非用典的分界问题。这个问题很难处理,因为明确的界限是没有的。俗语说,千古文章一大抄,我们说话、写文章,小至一字一词都是过去就有的,这不也是用古吗?关键就在于所谓古是不是特指。例如我们说"驽马",心中只想到"才能平常",这不是特指,所以不算用典;说"驽马十驾",心中想到《荀子·劝学》,这是特指,所以算用典。这样,从理论方面说,界限像是清楚了;不过碰到具体语句,那就未必没有麻烦。常见的麻烦有两种:一、古事或古语凝缩为常用词语(包括成语),如行李、赌东道、一鼓作气,就来源说是典故,可是用的人几乎都不会想到它们的老家《左传》,这算不算用典呢?不好说。二、语句相似或相同,如王羲之《兰亭集序》"固知一死生为虚诞,齐彭殇为妄作",与刘琨《答卢谌书》"知聃周之为虚诞,嗣宗之为妄作"句法相似,是不是引用呢?也难说;再如郑板桥在《范县署中寄舍弟墨第四书》中说"吾其长为农夫以没世乎",话很平常,用在这里很顺适,这是不是引用杨恽《报孙会宗书》中的"长为农夫以没世矣"呢?自然只有问郑板桥才知道。总之,用典与非用典的界限并不是处处都清楚;对于这类交界地方的不清楚,除了安于不求甚解以外,恐怕没有什么好办法。

(选自张中行《文言津逮》)

思考讨论

1. 你喜欢直抒胸臆、畅快淋漓的行文,还是喜欢回转曲折、意涵幽深的行文?为什么?

2. 对于古人不用典不成文的做法,你的评价如何?

名实第十

　　名之与实,犹形之与影也。德艺周厚,则名必善焉;容色姝丽,则影必美焉。今不修身而求令名于世者,犹貌甚恶而责妍影于镜也。上士忘名,中士立名,下士窃名。忘名者,体道合德,享鬼神之福祐,非所以求名也;立名者,修身慎行,惧荣观之不显[1],非所以让名也;窃名者,厚貌深奸,干浮华之虚称[2],非所以得名也。

注释

[1]荣观:即荣名、荣誉。　　[2]干:求取。

译文

　　名与实的关系,好比形与影。品德和才能周备深厚的人,名声一定好;容貌美丽的人,身影一定很美。而如今的人不知道修身养性,却要博取好名声,就好像外貌丑陋的人却妄想在镜子里看到秀美的身影。高尚的人忘记了名声,一般的人追求名声,而卑鄙的人则欺世盗名。忘记名声的人,本身已经体悟了道,行事合德,从而得到上天祖先的保佑,他们并不求取名声;追求名声的人,修炼身心,谨慎行事,一旦遇到荣耀的机会竭力周知,绝不把美名让与别人;窃取名声的人,貌似忠厚,实则藏奸,只知求取虚浮不实的假名,其实并没有真正的好名声。

人足所履,不过数寸,然而咫尺之途,必颠蹶于崖岸[1],拱把之梁[2],每沈溺于川谷者,何哉?为其旁无余地故也。君子之立己,抑亦如之。至诚之言,人未能信,至洁之行,物或致疑,皆由言行声名,无余地也。吾每为人所毁,常以此自责。

注释

[1]颠蹶(jué):颠仆,跌倒。　[2]拱把:两手合围或一手满握。

译文

人的脚能踩到的地方,不超过几寸,但是走在尺把宽的山路上,可能会跌落山崖;从两手合围那么粗的独木桥上过河,也可能会落到水里,这是什么原因呢?因为脚旁没有余地。君子要立身,也是这样的道理。最诚实的话,别人未必相信,最高尚的行为,也容易引起怀疑,都是因为说得和做得过分好了,没有余地了。当我被人诋毁的时候,常常因此自责。

吾见世人,清名登而金贝入[1],信誉显而然诺亏,不知后之矛戟,毁前之干橹也[2]。

注释

[1]金贝:金钱。　[2]干橹:小盾为干,大盾为橹。

译文

我见过这样的人,拥有清廉的名声之后却暗地里收受钱财,博取信誉之后却时常不遵守承诺,他们不知道与美名相悖的行为终会毁了之前的苦心经营。

"诚于此者形于彼。"人之虚实真伪在乎心,无不见乎迹,但察之未熟耳。一为察之所鉴,巧伪不如拙诚,承之以羞大矣。

译文

"内心的真诚一定会在行为上有所表现。"人的虚实真伪虽然都在心里,但无一遗漏地反映在行迹上,不仔细观察是不能捕捉到的。一旦被别人看出端倪,奸巧诈伪还不如稚拙真诚,要蒙受的羞辱更大呢。

治点子弟文章[1],以为声价[2],大弊事也。一则不可常继,终露其情;二则学者有凭,益不精励。

注释

[1]治点:修改文章。　　[2]声价:名声和身份地位。

译文

为子弟修改文章,以此来抬高他们的名声地位,这是很糟的事。一方面,不可能总是去修改他们的文章,终究要露出破绽来;再一方面,弟子们有了依赖性,更加不知精进努力了。

或问曰:"夫神灭形消,遗声余价,亦犹蝉壳蛇皮,兽远鸟迹耳[1],何预于死者,而圣人以为名教乎?"对曰:"劝也,劝其立名,则获其实。且劝一伯夷[2],而千万人立清风矣;劝一季札[3],而千万人立仁风矣;劝一柳下惠[4],而千万人立贞风矣;劝一史鱼[5],而千万人立直风矣。故圣人欲其鱼鳞凤翼,杂沓参差[6],不绝于世,岂不弘哉?四海悠悠,皆慕名者,盖因其情而致其善耳。抑又论之,祖考之嘉名美誉[7],亦子孙之冕服墙宇也,自古及今,获其庇荫者亦众矣。夫修善立名者,亦犹筑室树果,生则获其利,死则遗其泽。世之汲汲者[8],不达此意,若其与魂爽俱升[9],松柏偕茂者[10],惑矣哉!"

注释

[1]迒(háng):兽迹,车迹。 [2]伯夷:商朝末人,与弟弟叔齐都不愿继承王位,后投奔周朝,反对周武王伐商,逃至首阳山,不食周粟而死。后人赞其无私。 [3]季札:又称公子札,春秋时吴国贵族,多次推让君位,事见《史记·吴太伯世家》。 [4]柳下惠:即展禽,春秋时鲁国大夫,食邑在柳下,谥惠。以守礼著称。 [5]史鱼:也称祝佗,春秋时卫国大夫,以直谏著称。 [6]杂沓(tà):纷杂,杂乱。沓,多,重复。 [7]祖考:祖先。考,父亲。 [8]汲汲:急切的样子。 [9]魂爽:魂魄精爽。 [10]偕(xié):都,皆。

译文

有人问:"人死后形神都湮没了,留在世上的名声地位,仿佛蝉蜕下的壳和蛇蜕下的皮,走兽的脚印和鸟儿的痕迹,和亡人有什么关系呢？为什么圣人还要把他们的生前事当作教化的说辞呢？"我回答道："那是为了劝勉，劝勉人们要去立名，人们便会去追求与名相符的实。勉励人们学习伯夷，众人便去建立清廉的风气；勉励人们学习季札，众人便去树立仁爱的风气；勉励人们学习柳下惠，众人便去建立守贞的风气；勉励人们去学习史鱼，众人便去树立刚直的风气。所以圣人希望天下的芸芸众生，即使禀赋参差不齐，也纷纷仿效那些高尚的人，蔚然成风，绵延不绝，这岂不是一件很伟大的事情吗？天下广大，人人都仰慕名节高尚的人，这些人都是因为这种感情的驱使才使他们成为优秀的人。从另一个方面说，祖上传下来的好名声，好比子孙们的冠冕和服饰，琼楼玉宇，享用不尽，从古到今，获得祖先庇佑的人不在少数。那些做善事而得名声的人，好比盖房子和种果树，活着的时候享受好处，死了也能给后人留下恩泽。而那些急功近利的人，并不知道这些道理，如果他们死的时候，灵魂上了天，而名声却与松柏一样长青，那才是怪事了。"

延伸阅读

《名实篇》讲的是名副其实的道理。有句古话叫"耳听为虚，眼见为实"。我们且不论"眼见之实"与"实"之间究竟有没有区别，只说"耳听"的名和"眼见"的实。在颜之推看来，名之于实仿佛影之于身，名不应该呈现不同于实的样子，而这正是因为他看到太多的不实之名。名本身是对于实的描述，但人们发现，名也可以脱离实，组成一个"名的世界"，而且这个世界确实可以塑造出动人的"真实"，使那些沉醉其中、不愿意回到"实在"世界的人乐趣无穷。我们时常说的"徒有虚名""玩文字游戏",其实正是对这种名实不一的警觉。再进一步说,这其中还蕴含了中国人对于语言的不信任。语言是中介、是手段,而不是终点和目的,当我们对于语言的感受与对于实物的感受脱离时,一定是语言受到质疑,这说明中国人有着通过非语言感受世界的丰富通道。先秦道家、禅宗等都在探寻不通过语言获得真理的途径。孔子最早提出了"正名"的思想,希望不要让名扰乱了真实世界,而先秦思想家荀子则系统地论说了名是如何从实而来,确定了名的重要性。

正名篇

故王者之制名,名定而实辨,道行而志通,则慎率民而一焉。故析辞擅作名,以乱正名,使民疑惑,人多辨讼,则谓之大奸。其罪犹为符节度量之罪也。故其民莫敢托为奇辞以乱正名,故其民悫;悫则易使,易使则公。其民莫敢托为奇辞以乱正名,故壹于道法,而谨于循令矣。如是则其迹长矣。迹长功成,治之极也。是谨于守名约之功也。今圣王没,名守慢,奇辞起,名实乱,是非之形不明,则虽守法之吏,诵数之儒,亦皆乱也。若有王者起,必将有循于旧名,有作于新名。然则所为有名,与所缘以同异,与制名之枢要,不可不察也。

异形离心交喻,异物名实玄纽,贵贱不明,同异不别;如是,则志必有不喻之患,而事必有困废之祸。故知者为之分别,制名以指实,上以明贵贱,下以辨同异。贵贱明,同异别,如是则志无不喻之患,事无困废之祸,此所为有名也。

然则何缘而以同异?曰:缘天官。凡同类同情者,其天官之意物也同。故比方之疑似而通,是所以共其约名以相期也。形体、色理以目异;声音清浊、调竽、奇声以耳异;甘、苦、咸、淡、辛、酸、奇味以口异;香、臭、芬、郁、腥、臊、漏庮、奇臭以鼻异;疾、痒、凔、热、滑、铍、轻、重以形体异;说、故、喜、怒、哀、乐、爱、恶、欲以心异。心有征知。征知,则缘耳而知声可也,缘目而知形可也。然而征知必将待天官之当簿其类,然后可也。五官簿之而不知,心征知而无说,则人莫不然谓之不知。此所缘而以同异也。

然后随而命之,同则同之,异则异之。单足以喻则单,单不足以喻则兼;单与兼无所相避则共;虽共不为害矣。知异实者之异名也,故使异实者莫不异名也,不可乱也,犹使同实者莫不同名也。故万物虽众,有时而欲无举之,故谓之物;物也者,大共名也。推而共之,共则有共,至于无共然后止。有时而欲偏举之,故谓之鸟兽。鸟兽也者,大别名也。推而别之,别则有别,至于无别然后止。名无固宜,约之以命,约定俗成谓之宜,异于约则谓之不宜。名无固实,约之以命实,约定俗成,谓之实名。名有固善,径易而不拂,谓之善名。物有同状而异所者,有异状而同所者,可别也。状同而为异所者,虽可合,谓之二实。状变而实无别而为异者,谓之化。有化而无别,谓之一实。此事之所以稽实定数也。此制名之枢要也。后王之成名,不可不察也。

(选自《荀子·正名》)

涉务第十一

　　士君子处世,贵能有益于物耳,不徒高谈虚论,左琴右书,以费人君禄位也。国之用材,大较不过六事:一则朝廷之臣,取其鉴达治体,经纶博雅[1];二则文史之臣,取其著述宪章,不忘前古;三则军旅之臣,取其断决有谋,强干习事;四则藩屏之臣[2],取其明练风俗,清白爱民;五则使命之臣,取其识变从宜[3],不辱君命;六则兴造之臣,取其程功节费[4],开略有术。此则皆勤学守行者所能辨也。人性有长短,岂责具美,于六涂哉[5]?但当皆晓旨趣,能守一职,便无愧耳。

注释

[1]经纶(lún):整理过的蚕丝。比喻规划、管理政治的才能。[2]藩屏:藩国,地方,与中央相对。籓,通"藩"。　[3]从宜:采取适宜的做法。　[4]程:考核,衡量。　[5]涂:途径,方面。通"途"。

译文

　　士君子的处世,贵在能做些实事,不是只会高谈阔论,弹琴写字,白白浪费君王赐予的俸禄和官位。国家使用人才,大致有六方面的考虑:第一是朝廷的大臣,需要他们通晓法度,规划事务,学问广博,品性雅正;第二是通文史的大臣,需要他们撰写典章制度,熟悉历史兴亡的教训以鉴当代;第三是军事的大臣,需要他们判断果敢,足智多谋,强悍干练;第四是驻守地方的大臣,需要他们对当地风俗了如指掌,清廉爱民;第五是完成外交使命的大臣,需要他们能洞悉机变,应对恰当,不辜负君主交付的任务;第六是制造的大臣,需要他们核量工程,节约费用,有开拓营建的专业才能。以上各种人才,都是勤奋学习,谨守行业规矩的人能够鉴别的。人的禀赋有高低,怎么能要求尽善尽美,在六方面都擅长呢?只要明白所有才能的大概要旨,能在一方面善忠职守,就可以问心无愧了。

吾见世中文学之士,品藻古今[1],若指诸掌,及有试用,多无所堪。居承平之世,不知有丧乱之祸;处庙堂之下,不知有战陈之急[2];保俸禄之资,不知有耕稼之苦;肆吏民之上[3],不知有劳役之勤,故难以应世经务也。

注释

[1]品藻:鉴定等级。　[2]战陈:作战的阵法。　[3]肆:陈列,位居。

译文

我看如今这些文学士人,对古今人物的品评,堪称了如指掌,等到请他们去施展才能,却不堪大任。在太平的年代,不知道国家丧乱的灾祸;在朝廷为官,不知道战争的紧迫;有稳定的俸禄收入,不知道耕作的辛苦;高居吏民之上,不知道劳役的艰辛,所以这些人很难去应对实事,处理政务。

古人欲知稼穑之艰难,斯盖贵谷务本之道也。夫食为民天,民非食不生矣,三日不粒,父子不能相存。耕种之,茠锄之[1],刈获之[2],载积之,打拂之,簸扬之[3],凡几涉手,而入仓廪[4],安可轻农事而贵末业哉?

注释

[1]茠(hāo):同"薅",除(草)。锄(chú):农具名,同"锄"。
[2]刈(yì):割取。　[3]簸扬:拨动扬去谷类中的糠秕。
[4]仓廪(lǐn):粮库。

译文

古人深知耕种的艰辛,因为粮食是生存之本,务农即是务本。

粮食是百姓的根本，人不吃就不能生存。三天不进食，连父子间都顾不上问候了。从播种、除草、收割、运载、打谷、簸扬，前后经过多道工序，然后才能进入粮仓，怎么能轻视农事而重视商业呢？

延伸阅读

至今人们还津津乐道于古人的那句话："书中自有黄金屋，书中自有颜如玉。"意思是说读了书，财富会有的，佳偶也会有的。可细细想来，如果整日枯坐苦读，就是终其一生，恐怕连半点金光玉颜都看不到。其实这句话中蕴藏了一个想法：读书是为了有用。进入书本，出不来，只知纸上谈兵，称不上真正的会读书。读书是手段，通过书本，获得了处世的教训和知识，在应对各种事情时，这些教训和知识丰满起来，人们从中获得宝贵的经验，形成判断的能力，就这样循环往复，书本上的东西终于变成"我的"。此时，再回过头去看看孔子的那句话，意味深长，这就是"温故而知新"。"新"的东西，也许并不是作者本来要表达的，而是完全属于读者自己的，这样的学习变得十分有趣而且令人记忆深刻。可见，古人的读书并不是单纯的读书，而是由读书而开始的认识世界的历程。在这个过程中，只有那些熟稔读书与现实距离的人才能走得更远，他们因而获得协助天子管理国家的地位，在为政处事中资用经典章句，赋予其不息的活力。北宋王安石是当时经典研究的引领风气之人，他是历史上少数几个能够"得君行道"的政治家，他选择人才的思想正是把经典思想变成"我的"之后的见解。

论取材

夫工人之为业也,必先淬砺其器用,抡度其材干,然后致力寡而用功得矣。圣人之于国也,必先遴柬其贤能,练核其名实,然后任使逸而事以济矣。故取人之道,世之急务也,自古守文之君,孰不有意于是哉?然其间得人者有之,失士者不能无焉,称职者有之,谬举者不能无焉。必欲得人称职,不失士,不谬举,宜如汉左雄所议诸生试家法、文吏课笺奏为得矣。所谓文吏者,不徒苟尚文辞而已,必也通古今,习礼法,天文人事,政教更张;然后施之职事,则以详平政体,有大议论使以古今参之是也。所谓诸生者,不独取训习句读而已,必也习典礼,明制度,臣主威仪,时政沿袭,然后施之职事,则以缘饰治道,有大议论则以经术断之是也。以今准古,今之进士,古之文吏也;今之经学,古之儒生也。然其策进士,则但以章句声病,苟尚文辞,类皆小能者为之;策经学者,徒以记问为能,不责大义,类皆蒙鄙者能之。使通才之人或见赘于时,高世之士或见排于俗。故属文者至相戒曰:"涉猎可为也,诬艳可尚也,于政事何为哉?"守经者曰:"传写可为也,诵习可勤也,于义理何取哉?"故其父兄勖其子弟,师长勖其门人,相为浮艳之作,以追时好而取世资也。何哉?其取舍好尚如此,所习不得不然也。若此之类,而当擢之职位,历之仕途,一旦国家有大议论,立辟雍明堂,损益礼制,更著律令,决谳疑狱,彼恶能以详平政体,缘饰治道,以古今参之,以经术断之哉?是必唯唯而已。文中子曰:"文乎文乎,苟作云乎哉?必也贯乎道。学乎学乎,博诵云乎哉?必也济乎义。"故才之不可苟取也久矣,必若差别类能,宜少依汉之笺奏家法之义。策进士者,若曰邦家之大计何先,治人之要务何急,政教之利害何大,安边之计策何出,使之以时务之所宜言之,不直以章句声病累其心。策经学者,宜曰礼乐之损益何宜,天地之变化何如,礼器之制度何尚,各傅经义以对,不独以记问传写为能。然后署之甲乙以升黜之,庶其取舍之鉴,灼于目前,是岂恶有用而事无用,辞逸而就劳哉?故学者不习无用之言,则业专而修矣;一心治道,则习贯而入矣。若此之类,施之朝廷,用之牧民,何向而不利哉?其他限年之议,亦无取矣。

(选自王安石《临川文集》)

思考讨论

1. 你有没有这样的经历:在做某件事的时候,突然明白之前书本上看来的一句话的意思?

2. 有人认为,能力是天生的,所以学习好不好不重要,以后到社会上发挥自己的能力就可以了,你认为是这样的吗?

第五章

省事第十二

　　铭金人云[1]:"无多言,多言多败;无多事,多事多患。"至哉斯戒也! 能走者夺其翼,善飞者减其指,有角者无上齿,丰后者无前足,盖天道不使物有兼焉也。

注释

[1]铭金人:《说苑·敬慎》记载:"孔子之周,观于太庙,右陛之前,有金人焉,三缄其口,而铭其背曰:'古人之慎言人也,戒之哉! 戒之哉! 无多言,多言多败;无多事,多事多患。'"

译文

　　孔子在周朝太庙看到的铜人,背后刻的文字:"不要多话,言多必失；不要多事，事多祸患也多。"这个训诫真是至理名言！能奔跑的不生翅膀，能飞翔的不生多趾，长角的没有上齿，后肢发达的，前肢就退化，是上天不让生物样样优点兼具吧。

古人云："多为少善，不如执一；鼯鼠五能[1]，不成伎术。"近世有两人，朗悟士也，性多营综，略无成名，经不足以待问，史不足以讨论，文章无可传于集录，书迹未堪以留爱玩，卜筮射六得三[2]，医药治十差五，音乐在数十人下，弓矢在千百人中，天文、画绘、棋博、鲜卑语、胡书[3]，煎胡桃油，炼锡为银，如此之类，略得梗概，皆不通熟。惜乎，以彼神明，若省其异端，当精妙也。

注释

[1]鼯(shí)鼠：一种危害农作物的鼠。 [2]卜筮(shì)：古代推算吉凶祸福，用龟甲的称"卜"，用蓍草的称"筮"，合称"卜筮"。[3]胡书：胡人的文字。

译文

古人说："做得多而做成的少，不如专心做好一件事；好比鼯鼠有五种本能，但都称不上专长。"近代有两个聪明之人，天性喜欢各种事情都尝试着做,却没有什么名声,经学经不起别人发问,史学够不上和人讨论,文章也够不上收录在文集中流传,书法不足以留存玩赏,卜筮六次只能中三次,替人治病,十个只能治愈五个,音乐水平也是一般,射箭功夫更是中下,天文、绘画、棋艺、鲜卑语、胡人的文字、煎胡桃油、炼锡为银等,只是略知个大概,都不精通熟练。可惜啊,像他们这般灵慧的人,如果把分散的心思集中起来,应该能在一方面达到精妙的水平了。

上书陈事,起自战国,逮于两汉,风流弥广。原其体度:攻人主之长短,谏诤之徒也[1];讦群臣之得失[2],讼诉之类也;陈国家之利害,对策之伍也;带私情之与夺,游说之俦也[3]。总此四涂,贾诚以求位[4],鬻言以干禄[5]。或无丝毫之益,而有不省之困,幸而感悟人主,为时所纳,初获不赀之赏[6],终陷不测之诛。

注释

[1]谏诤(zhèng):直爽地说出人的过错,劝人改正。 [2]讦(jié):揭发别人的隐私和短处。 [3]俦(chóu):同辈,同类。 [4]贾(gǔ):做买卖。 [5]鬻(yù):出卖。 [6]不赀(zī):不可计量。

译文

向君主上书奏事,这种行为从战国就开始了,到了两汉,风气更加流行。推究它的体制:一是直指君主的长短,属于谏诤一类;一是揭发群臣的得失,属于诉讼一类;一是陈述国家利害,属于对策一类;一是以私情来打动对方影响决策,属于游说一类。以上四种所为,都是靠贩卖忠心来谋求地位,出售言论来取得利禄。这些上书有的没有一点益处,反而会让君主陷入不知所为的困境,即使能感动君主,采纳了建议,上书者也因此获得丰厚的赏赐,却最终遭遇诛灭的不测。

良史所书,盖取其狂狷一介[1],论政得失耳,非士君子守法度者所为也。今世所睹,怀瑾瑜而握兰桂者[2],悉耻为之。守门诣阙[3],献书言计,率多空薄,高自矜夸,无经略之大体,咸秕糠之微事[4],十条之中,一不足采,纵合时务,已漏先觉,非谓不知,但患知而不行耳。

注释

[1]狂狷(juàn):激进与拘谨保守。 [2]瑾瑜(jǐn yú):两种美玉的名称,泛指美玉。比喻贤德美才。 [3]诣:往,到。 [4]秕糠(bǐ kāng):秕子和糠,形容事情微小琐碎。

译文

优秀的史官所记载的,不是激进就是保守的那类人的事迹,来评论政事的得失,这样并不是遵守法度的士君子应该做的。在今天看来,那些洁身自好的人,都以做这种事为耻辱。守着君主路经的门户,赶赴朝堂,向君主献计献策,大都空洞没有内容,清高地自吹自擂,其实没有远见卓识,都是些鸡毛蒜皮的小事,十条对策无一可采用,即使有与当下事务相关的,也是错过先机的马后炮,不是大家不知道道理,令人担忧的是知道了却不施行。

谏诤之徒,以正人君之失尔,必在得言之地,当尽匡赞之规[1],不容苟免偷安,垂头塞耳;至于就养有方[2],思不出位,干非其任,斯则罪人。故《表记》云[3]:"事君,远而谏,则谄也;近而不谏,则尸利也[4]。"《论语》曰:"未信而谏,人以为谤己也[5]。"

注释

[1]赞:辅佐,帮助。　[2]就养:这里指侍奉君主。[3]《表记》:《礼记》中的一篇。　[4]尸:居其位而不做事。如尸位素餐。　[5]未信而谏,人以为谤己也:出自《论语·子张》。原文:"信而后谏,未信,则以为谤己也。"

译文

规谏争讼的人,要去指正君主的过失,他一定要在能发言的位置,完全发挥匡正辅佐的作用,不允许苟且偷安,装聋作哑;至于侍奉君主,要不在职务之外谋事,不越权办事,否则就是罪人。所以《表记》说:"侍奉君主,官位低、离君主远的人进谏,就是近乎谄媚,官位高、离君主近的人不进谏,则是白食俸禄了。"《论语》也说:"没有取得别人的信任就进谏,对方会以为你在诽谤他。"

君子当守道崇德,蓄价待时[1],爵禄不登,信由天命。须求趋竞,不顾羞惭,比较材能,斟量功伐[2],厉色扬声[3],东怨西怒;或有劫持宰相瑕疵[4],而获酬谢,或有喧聒时人视听[5],求见发遣;以此得官,谓为才力,何异盗食致饱,窃衣取温哉!世见躁竞得官者,便谓:"弗索何获";不知时运之来,不求亦至也。见静退未遇者,便谓:"弗为胡成";不知风云不与,徒求无益也。凡不求而自得,求而不得者,焉可胜算乎!

注释

[1]价:人的资望地位。　[2]斟(zhēn):考虑好坏,比较长

短。　　[3]厉色:严厉的面色,愤怒的表情。　　[4]瑕疵(xiá cī):玉的斑痕,比喻人的过失或事物的缺点。　　[5]喧聒(guō):闹声刺耳。

译文

　　君子应当遵守道义,崇尚美德,积累名望,等待时机,如果一直没有获得爵禄,也要认命。为了名禄四处奔求的人,不顾及廉耻,和人比较才能,计较功勋,声色俱厉,又怨又怒;还有的人抓住宰相的把柄,以换取酬谢,有的出言耸动,吸引众人眼光,谋求安排任用。靠这样的办法获得的官位,却说是因为自己的才干,这和吃偷来的东西果腹,穿偷来的衣服取暖有什么不一样呢?世人看到那些急躁争胜的人得了官位,就说:"不索求怎么能得到呢";他们不知道时机到了,不求也会自己来。看见原地不动或推让的人,便说:"不有所作为怎么能成功呢";却不知道时机不到,再怎么谋求也于事无补。那些不求而得,求而不得的人,哪里数得清啊!

延伸阅读

　　篇名"省事"的意思是不妄自作为,包括谨言慎行,在位谋事以及俟命而为,用通俗一点的话说就是"是金子总是会发光的",不用去故意谋划和计算什么,一切都是徒劳和不高明的。也许会有人问:"不表现自己,别人怎么会知道呢?恐怕如此谦虚和保守的态度才会耽误前程吧。"这就变成一个有意思的问题了,到底人的作为能不能改变自己的命运？那些所谓"事在人为"的改变是不是命中注定的？古人在根本上认为，人的命是一定的，这个"一定"包含的意思是，每个人身上蕴涵着今后变成他自己的那种潜能。这种潜能不是将来擅长什么技能，而是秉性，比如为人忠厚，心思细密，特别讲义气，遵守规则的能力强等等，这些潜能表现在这个人做的各种事中，成不成得了大器，还要看他的这些秉性在际遇中是否能够起到正面的作用。

回到颜之推的这篇文章中，他把一个人在什么位置就做什么事的道理说出来，其实就是对那些还不清楚自身状况的人的提点，不要做一些无谓的努力，那也许会有短期的效果，但终究又回归不祥的际遇。这不是教人认命，而是要求对自己有清醒的认识。一旦了解了自己，也就自然不会做那些多余的事了。这样的看法在汉代的时候就已经比较成熟了，对于命运的"常"与"不常"，古人的智慧不是表现在预测和克服，而是坦然接受和顺应。

命　义

墨家之论，以为人死无命；儒家之议，以为人死有命。言有命者，见子夏言："死生有命，富贵在天。"言无命者，闻历阳之都，一宿沉而为湖；秦将白起坑赵降卒于长平之下，四十万众，同时皆死；春秋之时，败绩之军，死者蔽草，尸且万数；饥馑之岁，饿者满道；温气疫疠，千户灭门，如必有命，何其秦、齐同也？言有命者曰："夫天下之大，人民之众，一历阳之都，一长平之坑，同命俱死，未可怪也。命当溺死，故相聚于历阳；命当压死，故相积于长平。犹高祖初起，相工入丰、沛之邦，多封侯之人矣，未必老少男女俱贵而有相也，卓砾时见，往往皆然。而历阳之都，男女俱没，长平之坑,老少并陷,万数之中,必有长命未当死之人。遭时衰微,兵革并起,不得终其寿。人命有长短,时有盛衰,衰则疾病,被灾蒙祸之验也。"

传曰:"说命有三,一曰正命,二曰随命,三曰遭命。"正命,谓本禀之自得吉也。性然骨善,故不假操行以求福而吉自至,故曰正命。随命者,戮力操行而吉福至,纵情施欲而凶祸到,故曰随命。遭命者,行善得恶,非所冀望,逢遭于外而得凶祸,故曰遭命。凡人受命,在父母施气之时,已得吉凶矣。夫性与命异,或性善而命凶,或性恶而命吉。操行善恶者,性也;祸福吉凶者,命也。或行善而得祸,是性善而命凶;或行恶而得福,是性恶而命吉也。性自有善恶,命自有吉凶。使命吉之人,虽不行善,未必无福;凶命之人,虽勉操行,未必无祸。

人有命,有禄,有遭遇,有幸偶。命者,贫富贵贱也;禄者,盛衰兴废也。以命当富贵,遭当盛之禄,常安不危;以命当贫贱,遇当衰之禄,则祸殃乃至,常苦不乐。遭者,遭逢非常之变,若成汤囚夏台,文王厄牖里矣。以圣明之德,而有囚厄之变,可谓遭矣。变虽甚大,命善禄盛,变不为害,故称遭逢之祸。

故夫遭遇幸偶,或与命禄并,或与命离。遭遇幸偶,遂以成完;遭遇不幸偶,遂以败伤,是与命并者也。中不遂成,善转为恶,是与命禄离者也。故人之在世,有吉凶之命,有盛衰之,重以遭遇幸偶之逢,获从生死而卒其善恶之行,得其胸中之志,希矣。

(选自王充《论衡》)

思考讨论

你认为人生至今最大的幸运和不幸,当时和现在你对它们的认识是否有所变化?

止足第十三

《礼》云:"欲不可纵,志不可满[1]。"宇宙可臻其极[2],情性不知其穷,唯在少欲知足,为立涯限尔。先祖靖侯戒子侄曰:"汝家书生门户,世无富贵,自今仕宦不可过二千石,婚姻勿贪势家。"吾终身服膺[3],以为名言也。

注释

[1] 欲不可纵,志不可满:欲望不可以放纵,志向不可以太满。语出《礼记·曲礼上》。 [2] 臻(zhēn):达到。 [3] 服膺(yīng):(道理、格言等)牢牢记在心里,真心信服。

译文

《礼记》上说:"欲望不可以放纵,志向不可以太满。"宇宙是可以到达边缘的,但人的情性是无穷无尽的,应当减少欲望,知道满足,凡事都有一个限度。先祖靖侯告诫家中子辈说:"我们是读书人家,祖上没有大富大贵;到今天为官也最多是领二千石的俸禄,缔结婚姻不要贪图权势之家。"我终身服膺这些话,以为至理名言。

天地鬼神之道,皆恶满盈。谦虚冲损[1],可以免害。人生衣趣以覆寒露[2],食趣以塞饥乏耳。形骸之内[3],尚不得奢靡,已身之外,而欲穷骄泰邪?周穆王、秦始皇、汉武帝,富有四海,贵为天子,不知纪极[4],犹自败累,况士庶乎?

注释

[1]冲(chōng):淡泊,谦和。　[2]趣:通"取",仅够。
[3]形骸(hái):人的躯体。　[4]纪极:终极,限度。

译文

天地鬼神之道,都厌恶充满足盈。谦退虚抑,可以避免灾祸。人穿衣是为了御寒,吃东西是为了饱腹去乏。与人相关的衣食,尚且不应该奢侈靡淫,何况身外之事,怎么能穷奢极欲呢?周穆王、秦始皇、汉武帝,拥有天下,贵为天子,却不知道凡事总有限度,结果自己败坏了社稷,更何况一般的士人和庶民呢?

延伸阅读

在人类的物质文明还算不上发达的古代,不管是西方还是东方的思想家都提出了节制的观念,这不能不说是一种奇妙的现象。更奇妙的是,这种节制的观念直到今天仍然不能舍弃,仿佛人类的天性永远有一个叫作"贪婪"的敌人,随时随地都等待与人的欲望联合,颠覆理智,放逐人性。颜之推在《止足篇》中说的也是这个道理。人的欲望是无止境的,任由欲望主宰人的行为,人就变成了物的奴隶。毋宁说,此时已不能称作"人",只是"物"而已。但是对于自己的欲望,我们可以驾驭,可以要求它在恰当的地方停止,自如地开关被物诱惑的通道。此时,抛开外界物质的牵绊,才感受到作为人的自身——自由,摆脱所有感性的诱饵,发出理智的命令。这种禁欲的思想在宗教中非常普遍,印度的苦行、西方的清教徒、佛教的戒律等等。而在中国古代,人们奉行的不是绝对的禁欲,而是适中,也就是喜好美食和华服的物质并不为过。但当喜好变成沉溺时,人还不能醒悟,那就是偏离了"适中",变成一种恶。但是怎样才算是"适中"呢?这就要在实际的情况中分辨了,所以这种对于"中"的敏锐与那些一味禁欲的原则相比,就形成了中国文化的特有品格。先秦诸子中墨子的节用思想在当时影响很大,他以不同于儒家的角度谈论节制,我们是否可以从中看出墨子思想式微

墨子像

的原因呢？

节用篇

　　圣人为政一国，一国可倍也；大之为政天下，天下可倍也。其倍之，非外取地也，因其国家去其无用之费，足以倍之。圣王为政，其发令、兴事、使民、用财也，无不加用而为者。是故用财不费，民德不劳，其兴利多矣！

　　其为衣裳何以为？冬以圉寒，夏以圉暑。凡为衣裳之道，冬加温、夏加清者，芊鉏不加者，去之。其为宫室何以为？冬以圉风寒，夏以圉暑雨。有盗贼加固者，芊鉏不加者，去之。其为甲盾五兵何以为？以圉寇乱盗贼。若有寇乱盗贼，有甲盾五兵者胜，无者不胜，是故圣人作为甲盾五兵。凡为甲盾五兵，加轻以利、坚而难折者，芊鉏不加者，去之。其为舟车何以为？车以行陵陆，舟以行川谷，以通四方之利。凡为舟车之道，加轻以利者，芊鉏不加者，去之。凡其为此物也，无不加用而为者。是故用财不费，民德不劳，其兴利多矣。有去大人之好聚珠玉、鸟兽、犬马，以益衣裳、宫室、甲盾、五兵、舟车之数，于数倍乎，若则不难。故孰为难倍？唯人为难倍；然人有可倍也。昔者圣王为法，曰："丈夫年二十，毋敢不处家；女子年十五，毋敢不事人。"此圣王之法也。圣王既没，于民次也，其欲蚤处家者，有所二十年处家；其欲晚处家者，有所四十年处家。以其蚤与其晚相践，后圣王之法十年，若纯三年而字，子生可以二三年矣。此不为使民蚤处家，而可以倍与？且不然已！

　　今天下为政者，其所以寡人之道多。其使民劳，其籍敛厚，民财不足、冻饿死者，不可胜数也。且大人惟毋兴师，以攻伐邻国，久者终年,速者数月,男女久不相见,此所以寡人之道也。与居处不安,饮食不时,作疾病死者,有与侵就橐,攻城野战死者,不可胜数。此不令为政者所以寡人之道、数术而起与?圣人为政特无此。不圣人为政,其所以众人之道,亦数术而起与?

故子墨子曰:"去无用之费,圣王之道,天下之大利也。"

(选自《墨子》)

思考讨论

1. 颜之推提出的"止足"和墨子提出的"节用",都主张足用即止、不要浪费,两者有什么区别吗?
2. "节欲"和"节用",你认为哪一个是真正的节制?

诫兵第十四

国之兴亡,兵之胜败,博学所至,幸讨论之。入帷幄之中,参庙堂之上,不能为主尽规以谋社稷,君子所耻也。然而每见文士,颇读兵书,微有经略,若居承平之世,睥睨宫阃[1],幸灾乐祸,首为逆乱,诖误善良[2];如在兵革之时,构扇反覆[3],纵横说诱,不识存亡,强相扶戴:皆陷身灭族之本也。诫之哉!诫之哉!

注释

[1]睥睨(pì nì)：侦察，窥伺。也作"俾倪"。宫阃(kǔn)：帝王的后宫。阃，门槛，借指军事或政务。　[2]诖(guà)误：贻误，连累。[3]构扇：挑拨煽动。反覆：变动无常。

译文

国家的兴亡，兵家的胜败，博学的人是可以讨论的。进入军帐之中，立于朝廷之上，不能为君主尽心尽力谋划社稷，是君子感到耻辱的事情。然而，每每看到文士读了些兵书，也懂些谋略，如果在太平年代，他们窥伺后宫，幸灾乐祸，带头忤逆作乱，连累善良之人；如果在战争年代，他们勾结鼓动，反复无常，合纵连横，游说诱惑，不清楚生死存亡的形势，却硬要做拥立之事：这些都是身陷囹圄、杀生灭族的祸根。一定要警诫！一定要警诫！

习五兵[1]，便乘骑，正可称武夫尔。今世士大夫，但不读书，即称武夫儿[2]，乃饭囊酒瓮也[3]。

注释

[1]五兵：五种兵器所指不一，后泛指各指兵器。　[2]儿：名词、形容词词尾。　[3]酒瓮(wèng)：盛酒的陶器。

第五章 | 133

译文

熟习五种兵器,擅长骑马,方能称为武夫。如今士大夫,不读书就自称武夫了,其实是酒囊饭袋罢了。

延伸阅读

兵家是先秦诸子中的一家,由于当时各国都面临军事的挑战,所以兵家思想家是十分活跃的。同时也因为战争的频繁,兵法思想在当时已经发展到了一定的水平。中国古代的兵法并非是对实战过程中的具体指导,而是对处于可能交战双方各方面的分析,以及始终以"不战而胜"为最上乘韬略的理论,所以后世对兵法的解读并非仅限于作战,而是可以渗透到为人处世的各个领域。颜之推作为身处战乱年代的人物,提出"诫兵"的看法,其实是对文人不要误用兵书的告诫。读书人敏悟书本的能力在读兵书这方面恐怕要格外谨慎。且不说兵书中必含有为达到目的而不择手段的例子,与圣贤经典的教诲有一定距离,就说"纸上谈兵"与实际战争中的情况也相去甚远。读书人不要自以为聪明,以为读了些用兵之道就可以上战场了,实在是自不量力。兵家的思想称得上是谋略,但绝算不上真理,大家读了《六韬》中的篇章就可以感受到个中区别了。

上贤篇

文王问太公曰:"王人者,何上何下?何取何去?何禁何止?"

太公曰:"王人者,上贤,下不肖;取诚信,去诈伪;禁暴乱,止奢侈。故王人者有六贼七害。"

文王曰："愿闻其道。"

太公曰："夫六贼者：一曰臣有大作宫室池榭、游观倡乐者，伤王之德。二曰民有不事农桑、任气游侠、犯历法禁、不从吏教者，伤王之化。三曰臣有结朋党、蔽贤智、鄣主明者，伤王之权。四曰士有抗志高节以为气势，外交诸侯、不重其主者，伤王之威。五曰臣有轻爵位、贱有司、羞为上犯难者，伤功臣之劳。六曰强宗侵夺、陵侮贫弱者，伤庶人之业。七害者：一曰无智略权谋，而以重赏尊爵之，故强勇轻战，侥幸于外，王者慎勿使为将。二曰有名无实，出入异言；掩善扬恶，进退为巧，王者慎勿与谋。三曰朴其身躬，恶其衣服；语无为以求名，言无欲以求利，此伪人也，王者慎勿近。四曰奇其冠带，伟其衣服；博闻辩辞，虚论高议以为容美，穷居静处而诽时俗，此奸人也，王者慎勿宠。五曰谗佞苟得以求官爵，果敢轻死以贪禄秩，不图大事，得利而动；以高谈虚论说于人主，王者慎勿使。六曰为雕文刻镂、技巧华饰而伤农事，王者必禁之。七曰伪方异伎，巫蛊左道，不祥之言，幻惑良民，王者必止之。故民不尽力，非吾民也；士不诚信，非吾士也；臣不忠谏，非吾臣也；吏不平洁爱人，非吾吏也；相不能富国强兵、调和阴阳以安万乘之主，正群臣，定名实，明赏罚，乐万民，非吾相也。夫王者之道，如龙首，高居而远望，深视而审听。示其形，隐其情。若天之高，不可极也；若渊之深，不可测也。故可怒而不怒，奸臣乃作；可杀而不杀，大贼乃发。兵势不行，敌国乃强。"

文王曰："善哉！"

（选自《六韬》）

思考讨论

1. 你认为使用计谋达到目的是好还是坏?
2. 你能说说"纸上谈兵"的现实事例吗?

养生第十五

神仙之事,未可全诬;但性命在天,或难钟值[1]。人生居世,触途牵絷[2]:幼少之日,既有供养之勤;成立之年,便增妻孥之累[3]。衣食资须,公私驱役;而望遁迹山林[4],超然尘滓[5],千万不遇一尔。

注释

[1]钟:适逢;值:相遇。　[2]絷(zhí):拘囚。　[3]孥(nú):子女。　[4]遁(dùn)迹:逃避或归隐。　[5]尘滓(zǐ):比喻世间烦琐的事务。

译文

关于神仙的事情,也并非全是虚假的,只是人的性命在天,很难正好遇到。人活在世上,处处受到牵绊拘束:年纪小的时候,要侍奉供养父母;成年以后,又多了妻子孩子需要照顾,吃穿上的开销,还有公事私事上的奔忙;如果想要隐遁山林,超然出世,真是千万人中也难有一个啊。

若其爱养神明,调护气息,慎节起卧,均适寒暄[1],禁忌食饮,将饵药物,遂其所禀[2],不为夭折者,吾无间然。

注释

[1]寒暄(xuān):寒冷和温暖。　　[2]禀(bǐng):赋予。

译文

但如果是保养精神,调节保护身体气息,谨慎节制,起卧有度,冬天不着凉,夏天不曝热,注意饮食服用一定的药物,达到上天所赋予人的年限,不至于夭折性命,我也没有什么意见。

吾尝患齿,摇动欲落,饮食热冷,皆苦疼痛。见《抱朴子》牢齿之法[1],早朝叩齿三百下为良;行之数日,即便平愈,今恒持之。此辈小术,无损于事,亦可修也。

注释

[1]《抱朴子》：东晋人葛洪所撰，总结了先秦以来神仙家的思想。

译文

我曾经有牙病，牙齿松动得快要脱落了，不管吃热的冷的，都感到疼痛。看到《抱朴子》中记载固齿的方法，早上起来叩齿三百下。做了几天，牙病竟然好了，如今我一直坚持着。像这样的小方法，无碍大事，也是可以采用的。

夫养生者先须虑祸，全身保性。有此生然后养之，勿徒养其无生也。

译文

养生的人应该先忧虑祸患加身，只有保全身体和性命，之后再谈养生，切不可颠倒次序，养了身却丢了命。

夫生不可不惜，不可苟惜。涉险畏之途，干祸难之事，贪欲以伤生，谗慝而致死[1]，此君子之所惜哉；行诚孝而见贼，履仁义而得罪，丧身以全家,泯躯而济国,君子不咎也[2]。

注释

[1]谗慝(tè):恶言恶意。慝,灾害,祸患。　[2]咎(jiù):过失,罪过。

译文

生命不可以不珍惜,但也不能无原则地珍惜。涉足危险的境地,卷入祸难的事情,满足贪欲却伤害生命,遭受谗言却致死,君子爱惜自己是绝不会做这些事的。但是,做忠孝之事而被杀害,履行仁义却获罪,牺牲自己保全家族,为国捐躯以保社稷,君子不会因为这些事情而后悔自己的所为。

延伸阅读

说起求道成仙,人们都会露出钦慕的神情,这是对于纯净生命向往的人之常情。成仙最吸引人的不是可以飞檐走壁或呼风唤雨,而是可以摆脱病痛和悲伤,永远只有幸福的感觉。但正如颜之推所说,能够真正遁隐山林的人,可谓万而无一,所以凡人只要略知些养生的道理并能够遵循就已经足够了。中国人对自身的认识方式是很独特的,中医和西医虽然都是治病救人的,但在根本上,前者是哲学,后者是科学。中医相信,人的机体按照天道而行,就能健康,而发生病痛,一定是哪个部分出轨或逆行,这个天道就是万物运行的方式,古人归纳为"五行"。而西医则把人的机体理解为一台机器,故障的出现是因为零件坏了。所以中医的方法是干预使其回归正道,而西医的方法是更换零件使机器恢复运转。养生正是在这种中医的观点上进行的。人把自己看作天地的一部分,与万物一起呼吸、动作、变化,如此就能对生命产生最小的损害,身体与心志得到最大的舒适,寿命延续到最大的限度。早在汉代的时候,"天人"思想盛极一时,思想家从对天地万物的观察形成对人的生命活动的认识。

循天之道

循天之道,以养其身,谓之道也。

马王堆《导引图》

中者,天地之所终始也;而和者,天地之所生成也。夫德莫大于和,而道莫正于中。中者,天地之美达理也,圣人之所保守也。《诗》云:"不刚不柔,布政优优。"此非中和之谓与?是故能以中和理天下者,其德大盛;能以中和养其身者,其寿极命。

天地之经,至东方之中而所生大养,至西方之中而所养大成,一岁四起业,而必于中。中之所为,而必就于和,故曰和其要也。和者,天之正也,阴阳之平也,其气最良,物之所生也。诚择其和者,以为大得天地之奉也。天地之道,虽有不和者,必归之于和,而所为有功;虽有不中者,必止之于中,而所为不失。是故阳之行,始于北方之中,而止于南方之中;阴之行,始于南方之中,而止于北方之中。阴阳之道不同,至于盛而皆止于中,其所始起皆必于中。中者,天地之太极也,日月之所至而却也,长短之隆,不得过中,天地之制也。兼和与不和,中与不中,而时用之,尽以为功。是故时无不时者,天地之道也。

凡气从心。心,气之君也,何为而气不随也。是以天下之道者,皆言内心其本也。故仁人之所以多寿者,外无贪而内清净,心和平而不失中正,取天地之美以养其身,是其且多且治。鹤之所以寿者,无宛气于中,猿之所以寿者,好引其末,是故气四越。天气常下施于地,是故道者亦引气于足;天之气常动而不滞,是故道者亦不宛气。苟不治,虽满不虚。是故君子养而和之,节而法之,去其群泰,取其众和。高台多阳,广室多阴,远天地之和也,故圣人弗为,适中而已矣。

凡养生者,莫精于气。是故春袭葛,夏居密阴,秋避杀风,冬避秤洁,就其和也。衣欲常漂,食欲常饥。体欲常劳,而无长佚,居多也。凡卫地之物,乘于其泰而生,厌于其胜而死,四时之变是也。故冬之水气,东加于春而木生,乘其泰也。春之生,西至金而死,厌于胜也。生于木者,至金而死;生于金者,至火而死。春之所生而不得过秋,秋之所生不得过夏,天之数也。饮食臭味,每至一时，亦有所胜，有所不胜，之理不可不察也。四时不同气，气各有所宜，宜之所在，其物代美。视代美而代养之，同时美者杂食之，是皆其所宜也。故以冬美，而荼以夏成，此可以见冬夏之所宜服矣。冬，水气也，甘味也，乘于水气而美者，甘胜寒也。之为言济与？济，大水也。夏，火气也，荼，苦味也，乘于火气而成者，苦胜暑也。天无所言，而意以物。物不与群物同时而生死者，必深察之，是天之所以告人也。故荠成告之甘，荼成告之苦也。君子察物而成告谨，是以至不可食之时，而尽远甘物，至荼成就也。天所独代之成者，君子独代之，是冬夏之所宜也。春秋杂物其和，而冬夏代服其宜，则当得天地之美，四时和矣。凡择味之大体，各因其时之所美，而违天不远矣。是故当百物大生之时，群物皆生，而此物独死。可食者，告其味之便于人也；其不食者，告杀秽除害之不待秋也。当物之大枯之时，群物皆死，如此物独生。其可食者，益食之，天为之利人，独代生之；其不可食，益畜之。天愍州华之间，故生宿麦，中岁而熟之。君子察物之异，以求天意，大可见矣。

（选自董仲舒《春秋繁露》）

思考讨论

1. 颜之推对于出世成仙、养生修行的态度究竟是怎么样的？
2. 颜之推和董仲舒对于人如何才能得寿的看法有什么不同吗？

归心第十六

三世之事,信而有征[1],家世归心[2],勿轻慢也。其间妙旨,具诸经论[3],不复于此,少能赞述;但惧汝曹犹未牢固,略重劝诱尔。

注释

[1]征(zhēng):印证。 [2]归心:这里指皈依佛教。[3]经论:佛教的经、律、论称为"三藏",经为佛亲口所说,论为对经的解释,律是戒规。

译文

佛教关于过去、现在、未来"三世"的说法,是可信有根据的,我们家门皈依佛教,不可以轻视怠慢。佛教的精妙大义,都在佛经和论中,这里不复赘述;但又怕你们不能牢记于心,稍加劝勉诱导。

内外两教[1],本为一体,渐积为异,深浅不同。内典初门,设五种禁[2];外典仁义礼智信,皆与之符。仁者,不杀之禁也;义者,不盗之禁也;

礼者,不邪之禁也;智者,不酒之禁也;信者,不妄之禁也。至如畋狩军旅[3],燕享刑罚[4],因民之性,不可卒除,就为之节,使不淫滥尔[5]。归周、孔而背释宗[6],何其迷也!

注释

[1]内外两教:内教指佛教,外教指儒教。　[2]五种禁:佛教五戒,指不杀生、不偷盗、不邪淫、不妄语、不饮酒食肉。[3]畋(tián)狩:打猎。　[4]燕享:古代贵族用酒食招待客人的礼仪。　[5]淫滥:过度,泛滥。　[6]释宗:佛教。释,释迦牟尼。

译文

佛教和儒教本来是一体的,后渐渐发展出不同的教义,深浅不同。佛教的初级阶段,需要行五戒;儒教则讲仁义礼智信,可以与五戒相符。仁是不杀生的戒律,义是不偷盗的戒律,礼是不淫邪的戒律;智是不饮酒的戒律;信是不妄语的戒律。至于像狩猎、军列、燕礼、享礼、刑罚等制度,是顺应百姓的天性而设的,不可能一下废除,必要时使用,不要过度即可。那些皈依周公、孔子,背弃佛教的人,是多么糊涂啊!

俗之谤者，大抵有五：其一，以世界外事及神化无方为迂诞也。其二，以吉凶祸福或未报应为欺诳也[1]。其三，以僧尼行业多不精纯为奸慝也。其四，以糜费金宝减耗课役为损国也。其五，以纵有因缘如报善恶，安能辛苦今日之甲，利益后世之乙乎？为异人也。

注释

[1]欺诳(kuáng)：欺骗蒙蔽，也作"欺罔"。

译文

俗人对佛教的谤讥大概有五个方面：第一，认为佛教所描述的现实世界之外的世界和各种神迹是荒诞不经的。第二，认为人有吉凶祸福，但未必都会得到报应，这种因果报应之说是蒙骗人的。第三，认为佛僧和佛尼都没有高深的修行，反而是些不良之人。第四，认为佛教耗费大量金钱，僧侣不纳税、不服役，这些都会损害国家。第五，认为即使有因果报应，又怎么能让今天辛劳付出的甲造福日后的乙呢？这分明是两个人。

凡人之信，唯耳与目；耳目之外，咸致疑焉。儒家说天，自有数义：或浑或盖，乍宣乍安[1]。斗极所周,管维所属,若所亲见,不容不同;若所测量,宁足依据?何故信凡人之臆说[2],迷大圣之妙旨,而欲必无恒沙世界[3]、微尘数劫也?

注释

[1]或浑或盖,乍宣乍安:古代四种关于天的说法,《晋书·天文志》:"古言天者有三家,一曰盖天,二曰宣夜,三曰浑天。"又,汉成帝时会稽人虞喜根据宣夜之说,作《安天论》。 [2]臆(yì)说:毫无根据的猜测。 [3]恒沙世界:指以小见大、数量多的世界。恒沙是恒河沙数的简称,意思是多得数不清。

译文

人们只相信耳朵听见的和眼睛看到的;所见所闻之外,都会加以疑问。儒家解释天有几种:有的认为天包覆在地上,像蛋壳之于蛋黄一样;有的认为天盖着地,像斗笠盖着盘子一样;有的认为日月星辰漂浮在虚空中;有的认为天与海相接,大地漂在水上;还有的认为北斗星绕着北极星转动,以斗枢为转动轴。如果天的样子是可以用眼睛看到的,不会众说纷纭的。如果是能测量的,怎么能不足为凭呢?为什么要相信凡人的臆说,却怀疑佛教的说法,认为绝对没有像恒河中的沙子那么多的世界,一粒微尘也不可能经历几个劫生的说法呢?

开辟已来,不善人多而善人少,何由悉责其精洁乎?见有名僧高行,弃而不说;若睹凡僧流俗,便生非毁。且学者之不勤,岂教者之为过?俗僧之学经律,何异士人之学《诗》《礼》?以《诗》《礼》之教,格朝廷之人[1],略无全行者;以经律之禁,格出家之辈,而独责无犯哉?且阙行之臣[2],犹求禄位;毁禁之侣,何惭供养乎?其于戒行,自当有犯。一披法服,已堕僧数,岁中所计,斋讲诵持,比诸白衣,犹不啻山海也[3]。

注释

[1]格:推究。　[2]阙(quē)行:道德修养上有过错。[3]不啻(chì):无异于,如同。

译文

自从开天辟地以来,不善的人多而善的人少,怎么能要求每一位僧侣都是高尚无瑕的呢?见到名僧们的高尚行为,却避而不谈;而一旦看到平庸僧人的粗俗行为,便要指责诋毁佛教。学习者的不勤奋,怎么能怪罪于教导者呢?平庸的僧人学习佛经戒律,与士人学习《诗》《礼》又有什么区别?以《诗》和《礼》中的教义来评价朝廷中的官员,几乎没有面面俱到的;同样以佛经戒律的教义评断出家人,又怎么能求全责备呢?而且,品行不端的大臣还一心求取利禄和官位;破坏戒律的僧人,又何必为自己接受的供养感到惭愧呢?他们对于所受的戒律,自然有违犯的时候。然而他们一旦决心出家,就已加入僧侣的行列,一年到头所做的,就是吃斋、听讲、诵经,比起世俗之人,他们的修养如高山大海般高阔。

内教多途,出家自是其一法耳。若能诚孝在心,仁惠为本,须达[1]、流水[2],不必剃落须发;岂令罄井田而起塔庙[3],穷编户以为僧尼也?皆由为政不能节之,遂使非法之寺,妨民稼穑,无业之僧,空国赋算,非大觉之本旨也。

注释

[1]须达:为中印度舍卫城之长者,波斯匿王之大臣。其性仁慈,好行布施。　[2]流水:流水长者子的故事。故事说的是流水长者子见有一池,其水枯涸,池中之鱼为日所曝,将为鸟兽所食。时长者子生大悲心,乃寻树枝覆之,并借二十大象运河水,池中之鱼得以再生,更对池中之鱼施与饮食,复使之闻佛名、佛法。典出《金光明经·流水长者子品》。　[3]罄(qìng):用尽,消耗殆尽。

译文

皈依佛教的途径有很多,出家只是其中的一条。如果能心中充满诚孝,行事以仁惠为本,像须达、流水大师那样,也就不一定要落发为僧了;哪里有荒废田地而造佛塔寺庙,让所有的百姓都出家为僧尼的道理呢? 都是因为治国施政不能节制佛事,让非法的寺庙侵占了百姓的土地,不修道的僧人白白损耗国家的财富,这些绝对不是佛教本身倡导的。

凡夫蒙蔽,不见未来,故言彼生与今非一体耳;若有天眼,鉴其念念随灭,生生不断,岂可不怖畏邪? 又君子处世,贵能克己复礼[1],济时益物。治家者欲一家之庆,治国者欲一国之良。仆妾臣民,与身竟何亲也,而为勤苦修德乎? 亦是尧、舜、周、孔虚失愉乐耳。一人修道,济度几许苍生? 免脱几身罪累? 幸熟思之!

注释

[1]克己复礼:克服私欲,谨守礼义。语出《论语·颜渊》。

译文

凡夫俗子都是不觉悟的,看不见未来世界,所以他们不认为今生与来世有什么关系;如果他们有天眼,能看到生灭不断的生死轮回,怎么会不感到畏惧呢?君子立身于世,贵在能克服私欲,谨守礼义,匡救时弊,裨益他人。管理家庭的人,希望家里吉庆有余,治理国家的人,希望国家繁荣昌盛。然而,家中的仆妾,国中的臣民,与你又有什么关系,值得如此为他们勤修苦学吗?就像尧、舜、周公、孔子这样的人白白牺牲自己,还以之为乐。然而,一个人如果出家修道,可以救济超度多少生命?免去多少人的罪孽呢?郑重地考虑一下吧!

儒家君子,尚离庖厨[1],见其生不忍其死,闻其声不食其肉。高柴[2]、折像[3],未知内教,皆能不杀,此乃仁者自然用心。含生之徒,莫不爱命;去杀之事,必勉行之。好杀之人,临死报验,子孙殃祸[4],其数甚多。

注释

[1]庖厨:厨房。语出《孟子·梁惠王上》,中有"君子之于禽兽也,见其生,不忍其死;闻其生,不忍食其肉。是以君子远庖厨也"之言。 [2]高柴:孔子的弟子。孔子赞扬高柴:"执亲之丧则难

能也,开蛰不杀则天道也,方长不折则恕也,恕则仁也。"典出《大戴礼记·卫将军文子》。　[3]折像:人名。《后汉书·方术列传》载有:"折像幼有仁心,不杀昆虫,不折萌芽。"　[4]殃(yāng)祸:灾祸。

译文

　　信奉儒教的君子,推崇远离厨房,因为见到活的禽兽就不忍心杀死他们,听到它们的惨叫,就吃不下它们的肉。像高柴、折像这样的人,从来不知道佛教教义,都能不杀生,这就是人天生的仁慈之心。有生命的东西,都珍惜自己的性命;因此对于避免杀生这件事,都是尽力而为。嗜好杀戮的人,临死时必遭报应,殃及子孙后代,这样的事情是很多的。

延伸阅读

　　如果大家有余力翻阅一下其他《颜氏家训》的注本,可以看到对于颜之推尊崇佛教的说辞,它们时常提醒读者要批判地接受,不要忘了儒家的立场。其实没有一个时代的思想是可以单一到只有一种声音的,不仅是时代,人也是这样。认同儒家的仁义礼智信,并不妨碍同时信服佛家的缘起性空。颜之推在这本书里留下的《归心篇》很好地说明了他所处的时代儒释两家思想的并存。由于佛教对于人们内心的安抚更胜于儒家,所以颜之推将寻求生命终极问题的答案诉诸佛教,在一定程度上判定了佛儒两家的高下。但是他豁达地指出,出家并非明智的选择,内心充满忠孝与出家人的修为也是一样的。可见,在以颜之推为代表的士人中,并不以佛儒的门户为准限,而是以具体的内容为服膺的依据,这样的眼光是非常值得赞赏的。了解不同的追求世界真理的路径,而不是以教派之"名"遮蔽了自己,才能变得明智起来。佛教是世界性宗教,起源于印度,大成于中国,后又有南传佛教、藏传佛教、日本神道等分支。它对于彼岸世界精致的思辨和理论曾引得无数文人志士趋之若鹜。

人类为本的佛法

有情的定义。

凡宗教和哲学,都有其根本的立场;认识了这个立场,即不难把握其思想的重心。佛法以有情为中心、为根本,如不从有情着眼,而从宇宙或社会说起,从物质或精神说起,都不能把握佛法的真义。

梵语"萨埵",译为有情。情,古人解说为情爱或情识;有情爱或有情识的,即有精神活动者,与世俗所说的动物相近。萨埵为印度旧有名词,如数论师自性的三德——萨埵、剌阇、答摩中,即有此萨埵。数论的三德,与中国的阴阳相似,可从多方面解说。如约心理说,萨埵是情;约动静说,萨埵是动;约明闇说,萨埵是光明。由此,可见萨埵是象征情感、光明、活动的。约此以说有精神活动的有情,即热情奔放而为生命之流者。般若经说萨埵为"大心""快心""勇心""如金刚心",也是说他是强有力的、坚决不断的努力者。小如蝼蚁,大至人类,以及一切有情都时刻在情本的生命狂流中。有情以此情爱或情识为本。由于冲动的非理性,以及对于环境与自我的爱好,故不容易解脱系缚而实现无累的自在。

有情为问题的根本。

世间的一切学术——教育、经济、政治、法律及科学的声光电化,无一不与有情相关,无一不为有情而出现人间,无一不是对有情的存在。如离开有情,一切就无从说起。所以世间问题虽多,根本为有情自身。因此,释尊单刀直入地从有情自体去观察,从此揭开了人生的奥秘。

有情——人生是充满种种苦迫缺陷的。为了离苦得乐,发为种种活动,种种文化,解除它或改善它。苦差事很多,佛法把他归纳为七苦;如从所对的环境说,可以分为三类:

生、老、病、死,是有情对于身心演变而发生的痛苦。为了避免这些,世间有医药、卫生、体育、优生等学术事业。生等四苦,是人生大事,人人避免不了的事实。爱别离、怨憎会,是有情对于有情(人对社会)离合所生的。人是社会的,必然与人发生关系。如情感亲好的眷属朋友,要分别或死亡,即不免受别离苦。如仇敌相见,怨恶共住,即发生怨憎会苦。这都是世间事实;政治、法律等也多是为此而创立的。所求不得苦,从有情对于物欲的得失而发生。生在世间,衣食住行等基本需要,没有固然痛苦,有了也常感困难,这是求不得苦。《义品》说:"趣求诸欲人,常起于希望,所欲若不遂,恼坏如箭中。"这是求不得苦的解说。

进一步说:有情为了解决痛苦,所以不断地运用思想,思想本是为人类解决问题的。在种种思想中,穷究根本的思想理路,即是哲学。但世间的哲学,或从客观存在的立场出发,客观的存在,对于他们是毫无疑问的。如印度的顺世论者,认为世界甚至精神,都是地水火风四大所组成;又如中国的五行说等。他们都忽略本身,只从外界去把握真实。这一倾向的结果,不是落于唯物论,即落于神秘的客观实在论。另一些人,重视内心,以此为一切的根本;或重视认识,想从认识问题的解决中去把握真理。这种倾向,即会产生唯心论及认识论。依佛法,离此二边说中道,直从有情的体认出发,到达对于有情的存在。有情自体,是物质与精神的缘成体。外界与内心的活动,一切要从有情的存在中去把握。以有情为本,外界与内心的活动,才能确定其存在与意义。

(选自印顺法师《佛学概论》)

思考讨论

有人说儒家是"入世"的,说的都是世俗的道理,而佛家是"出世"的,说的都是彼岸世界的道理。你的看法是什么呢?

第六章

书证第十七

《诗》云:"将其来施施[1]。"《毛传》云[2]:"施施,难进之意。"郑《笺》云[3]:"施施,舒行貌也。"《韩诗》亦重为"施施"[4]。河北《毛诗》皆云"施施"。江南旧本,悉单为"施",俗遂是之,恐为少误。

注释

[1]将其来施施:语出《诗经·王风·丘中有麻》。　[2]《毛传》:流传至今的《诗经》版本,由汉代毛公所传,又称"毛诗"。　[3]郑《笺》:东汉经学家郑玄对《毛传》的注解。　[4]《韩诗》:汉代《诗经》的一个学派,由汉初韩婴所传。

译文

《诗经》记载:"将其来施施"。《毛传》解释:"施施,艰难前行的意思。"郑玄《诗笺》解释《毛传》说:"施施,缓慢前行的样子。"《韩诗》也重叠作"施施"。黄河以北的《毛诗》版本都作"施施"。但长江以南的旧版本,都单作"施",大家都认可它,恐怕是一个小的错误吧。

《礼》云:"定犹豫,决嫌疑[1]。"《离骚》曰:"心犹豫而狐疑。"先儒未有释者。案[2]:《尸子》曰[3]:"五尺犬为犹。"《说文》云:"陇西谓犬子为犹。"吾以为人将犬行,犬好豫在人前[4],待人不得,又来迎候,如此往还,至于终日,斯乃"豫"之所以为未定也,故称"犹豫"。或以《尔雅》曰:"犹如麂,善登木。"犹,兽名也,既闻人声,乃豫缘木,如此上下,故称"犹豫"。狐之为兽,又多猜疑,故听河冰无流水声,然后敢渡。今俗云:"狐疑,虎卜[5]。"则其义也。

注释

[1]定犹豫,决嫌疑:语出《礼记·曲礼》,今通行本作"定犹

与","与"亦作"豫"。　　[2]案：审查、查验，古书中作者提出自己看法的提示词，通"按"。　　[3]《尸子》：战国时鲁人尸佼撰写的书。　　[4]豫：先于。　　[5]虎卜：卜筮的一种，传说虎能以爪画地，观奇偶以卜食，后人效之为一种占卜术。

译文

《礼记》记载："定犹豫，决嫌疑。"《离骚》说："心犹豫而狐疑。"以前的儒生都没有对此做解释。案：《尸子》上说："五尺高的犬称为'犹'。"《说文解字》说："陇西地区称犬的幼仔为'犹'。"我认为人带着犬行走，犬喜欢走在人的前面，等不及人赶上去，又返回迎来，像这样往返，整天都是这样，这就是为什么"豫"有游移不定的意思，所以称为"犹豫"。也有人根据《尔雅》说："犹像麂，善于爬树。"犹是兽的名字，听到有人的声响，就事先爬到树上去了，这样上上下下，也叫作"犹豫"。狐狸这种兽，生性多猜疑，只有听到结冰的河面下没有流水的声音才敢渡河。今天俗语中有"狐疑""虎卜"，就是这个意思。

《尚书》曰："惟影响[1]。"《周礼》云："土圭测影，影朝影夕[2]。"《孟子》曰："图影失形[3]。"《庄子》云："罔两问影[4]。"如此等字，皆当为"光景"之"景"。凡阴景者，因光而生，故即谓为"景"。《淮南子》呼为景柱，《广雅》云："晷柱挂景。"并是也。至晋世葛洪《字苑》,傍始加"彡",音于景反[5]。而世间辄改治《尚书》《周礼》《庄》《孟》从葛洪字,甚为失矣。

注释

[1] 影响:影子和回声。多用此形容感应迅捷,原文为:"禹曰:惠迪吉,从逆凶,惟影响。"出自《尚书·大禹谟》。 [2] 土圭测影,影朝影夕:用土圭的方法测土深,正四时。原文为:"以土圭之法测土深。正日景,以求地中。日南则景短,多暑;日北则景长,多寒;日东则景夕,多风;日西则景朝,多阴。"出自《周礼·地官·大司徒》。 [3] 图影失形:景象变形。原文:"孟轲云:尧、舜不胜其美,桀、纣不胜其恶。传言失指,图景失形。"出自《风俗通义·正失》。 [4] 罔两问影:模拟影子外层的淡影与影子的对话。出自《庄子·齐物论》。 [5] 音于景反:古代注音的方法称为"反切",以两字相切合,取上一字的声母,与下一字的韵母和声调,拼合成一个字的音。称为××(音)反或××(音)切,此字取"于"的声母,"景"的韵母和声调,拼成 yǐng。

译文

《尚书》里的"惟影响",《周礼》里的"土圭测影,影朝影夕",孟子说的"图影失形",《庄子》里的"罔两问影"等等,这些里面的"影"字都应当是光景的"景"。凡是阴影,都是因为光才产生的,所以称为"景"。《淮南子》里有"景柱",《广雅》说"晷柱挂景"也是同样的意思。到了晋代葛洪撰《字苑》，在景旁边加了彡，注音为于景反。这以后大家治《尚书》《周礼》《庄子》《孟子》的时候，都改用葛洪的"影"字了，真是很大的错误啊。

"也"是语已及助句之辞，文籍备有之矣。河北经传，悉略此字，其间字有不可得无者，至如"伯也执殳[1]""于旅也语[2]""回也屡空[3]""风，风也，教也[4]"，及《诗传》云"不戢，戢也；不傩，傩也[5]""不多，多也[6]"。如斯之类，傥削此文，颇成废阙。《诗》言："青青子衿。"《传》曰："青衿，青领也，学子之服。"按：古者，斜领下连于衿，故谓领为"衿"。孙炎、郭璞注《尔雅》，曹大家注《列女传》，并云："衿，交领也。"邺下《诗》本，既无"也"字，群儒因谬说云："青衿、青领，是衣两处之名，皆以青为饰。"用释"青青"二字，其失大矣！又有俗学，闻经传中时须"也"字，辄以意加之，每不得所，益成可笑。

注释

[1]伯也执殳(shū)：语出《诗经·卫风·伯兮》。　　[2]于旅也

语:语出《仪礼·乡射礼》。　[3] 回也屡空:语出《论语·先进》。[4] 风,风也,教也:语出《诗大序》。　[5] 不戢,戢也;不傩,傩也:语出《诗经·小雅·桑扈》。　[6] 不多,多也:语出《诗经·大雅·卷阿》。

译文

"也"是语尾词和语句助词,文章书籍中经常看到。河北地区通行的经、传里,"也"都被省略了,但其中有的"也"是不能没有的。比如"伯也执殳""于旅也语""回也屡空""风,风也,教也"以及《毛诗传》说"不戢,戢也;不傩,傩也""不多,多也"。像这样的句子,倘若去掉"也"字,就不成文了。《诗经》说:"青青子衿。"《毛传》说:"青衿,青领也,学子之服。"按:古代的时候,领子斜下连着衣襟,所以把领叫作"衿"。孙炎、郭璞注释《尔雅》,曹大家注释《列女传》,都说:"衿,交领也。"邺下这个地方的《诗经》版本,没有"也"字,众儒生错误地以为青衿、青领是衣服的两个不同地方的名称,都用青色做装饰。这样解释"青青"两个字,真是大错特错!更有俗陋的学者,听说经传中必须有"也"字,就按自己的理解加上,总是不得要领,就更加可笑了。

《太史公记》曰[1]:"宁为鸡口,无为牛后",此是删《战国策》耳。案:延笃《战国策音义》曰[2]:"尸,鸡中之王。从,牛子。"然则,"口"当为"尸",

"后"当为"从",俗写误也。

注释

[1]《太史公记》:汉魏、南北朝人对《史记》的称呼。太史公即司马迁。 [2]延笃:东汉时人,博通经传,能著文章,著名经师。传见《后汉书·吴延史卢赵列传》。

译文

《史记》里有"宁为鸡口,无为牛后"的句子。这是截取《战国策》里的文字。案:延笃的《战国策音义》解释:"尸,鸡中之王。从,牛子。"这样看来,"口"应为"尸","后"应为"从",是传抄时写错了。

太史公论英布曰[1]:"祸之兴自爱姬,生于妒媚,以至灭国。"又《汉书·外戚传》亦云:"成结宠妾妒媚之诛[2]。"此二"媚"并当作"媢"[3],媢亦妒也,义见《礼记》《三苍》[4]。且《五宗世家》亦云:"常山宪王后妒媢[5]。"王充《论衡》云:"妒夫媢妇生,则忿怒斗讼[6]。"益知"媢"是"妒"之别名。原英布之诛为意贲赫耳[7],不得言"媚"。

注释

[1]英布:汉初诸侯王,又称黥布,因楚汉战争中背楚归汉,封为淮南王,后因举兵反叛被杀。事见《史记·黥布列传》。　[2]成结宠妾妒媢之诛:汉成帝皇后赵飞燕事。　[3]媢(mào):嫉妒。[4]《三苍》:汉初有人将当时流传的字书《仓颉篇》《爰历篇》《博学篇》合为一书,统称为《仓颉篇》或《三苍》。魏晋时,又以《仓颉篇》与汉扬雄《训纂篇》、贾鲂《滂喜篇》三篇字书分为上、中、下三卷,合为一部,也称"三苍",另作"三仓"。　[5]常山宪王:汉景帝少子刘舜,为常山王,谥宪。　[6]妒夫媢妇生,则忿怒斗讼:语出《论衡·论死》,原文为:"妒夫媢妇生,同室而处,淫乱失行,忿怒斗讼。"　[7]意:怀疑。

译文

司马迁评论英布说:"祸之兴自爱姬,生于妒媚,以至灭国。"另外,《汉书·外戚传》也说:"成结宠妾妒媢之诛。"这两句话中的"媚"字都应该做"媢",媢也是妒的意思,可以参考《礼记》《三仓》中的"媢"字。而且,《五宗世家》里也说:"常山宪王后妒媢。"王充《论衡》说:"妒夫媢妇生,则忿怒斗讼。"更加说明"媢"是"妒"的别称。探究英布被诛的原因是猜疑贲赫,不能说是"媚"。

《古乐府》歌词[1],先述三子,次及三妇,妇是对舅姑之称[2]。其末章云:"丈人且安坐,调弦未遽央。"古者，子妇供事舅姑，旦夕在侧，与儿女无异，故有此言。"丈人"亦长老之目，今世俗犹呼其祖考为先亡丈人。又疑"丈"当作"大"，北间风俗，妇呼舅为"大人公"，"丈"之与"大"，易为误耳。近代文士，颇作《三妇诗》，乃为匹嫡并耦己之群妻之意[3]，又加郑、卫之辞[4]，大雅君子，何其谬乎？

注释

[1]《古乐府》歌词：指《乐府·清调曲·相逢行》。　[2]舅姑：公公和婆婆。　[3]匹嫡：婚配。耦己：与自己成双，配偶。[4]郑、卫之辞：指春秋时郑、卫两国的乐歌，内容多淫逸过分，后世指邪狎的文学作品。

译文

《古乐府·相逢行》的歌词，先说了三个儿子，其次才说到三个媳妇，媳妇是相对于公婆的称呼。这首乐府的最后一章说："丈人且安坐，调弦未遽央。"古时候，媳妇赡养侍奉公婆，早晚在老人身边，和亲生子女没有区别，所以才有这样的歌词。"丈人"也可以作为年长之人的称呼，今日的世俗称呼已故的祖父和父亲为"先亡丈人"。我还怀疑"丈"应该做"大"，北方的风俗，媳妇称呼公公为"大人公""丈"和"大"，很容易弄错。近代的文士，很多都写有《三妇诗》,这里的"妇"是指与自己婚配的妻妾的意思,还加上一些淫辞艳语,这些讲求高雅品位的君子怎么会如此荒唐呢?

或问:"一夜何故五更?更何所训?"答曰:"汉、魏以来,谓为甲夜、乙夜、丙夜、丁夜、戊夜,又云'鼓',一鼓、二鼓、三鼓、四鼓、五鼓,亦云一更、二更、三更、四更、五更,皆以'五'为节。《西都赋》亦云[1]:'卫以严更之署。'所以尔者,假令正月建寅,斗柄夕则指寅[2],晓则指午矣;自寅至午,凡历五辰。冬夏之月,虽复长短参差,然辰间辽阔,盈不过六,缩不至四,进退常在五者之间。更,历也,经也,故曰五更尔。"

注释

[1]《西都赋》:班固所作,收入《文选》。　[2]斗柄:北斗七星中的玉衡、开阳、摇光合称为"柄"。

译文

有人问:"一夜为什么有五更?更的意思是什么?"我的回答是:"汉魏以来,一夜的五个时段称为甲夜、乙夜、丙夜、丁夜、戊夜,又称为鼓,一鼓、二鼓、三鼓、四鼓、五鼓,也可以称为一更、二更、三更、四更、五更,都是以'五'来划分的。《西都赋》也说:'督行夜鼓的郎署护卫汉朝的宫殿。'之所以这样,假如正月在十一月,北斗的柄在日落时是寅时,翌日日出是午时,从寅时到午时,共经历五个区间。冬天和夏天比起来,白昼和黑夜的时间长短不一,但若从时辰上看,长不会超过六个时辰,短不会少于四个时辰,也就是在五个时辰前后徘徊。更,就是经历、经过的意思,所以称为五更。"

客有难主人曰:"今之经典,子皆谓非,《说文》所言,子皆云是,然则许慎胜孔子乎?"主人抚掌大笑[1],应之曰:"今之经典,皆孔子手迹耶?"客曰:"今之《说文》,皆许慎手迹乎?"答曰:"许慎检以六文[2],贯以部分,使不得误,误则觉之。孔子存其义而不论其文也。先儒尚得改文从意,何况书写流传耶?必如《左传》'止戈'为'武'[3],'反正'为'乏'[4],'皿虫'为'蛊'[5],'亥'有'二首六身'之类[6],后人自不得辄改也,安敢以《说文》校其是非哉?且余亦不专以《说文》为是也,其有援引经传,与今乖者,未之敢从。"

注释

[1]拊(fǔ)掌：拍手。　[2]六文：即六书，古人总结汉字的六种造字原则，象形、指事、会意、形声、转注、假借。　[3]'止戈'为'武'：《左传·宣公十二年》："楚重至于邲，潘党曰：'君盍筑武军而收晋尸，以为京观？臣闻克敌必示子孙，以无忘武功。'楚子曰：'非尔所知也。夫文止戈为武。'"　[4]'反正'为'乏'：《左传·宣公十五年》："伯宗曰：'天反时为灾，地反物为妖，民反德为乱，乱则妖灾生。故文反正为乏。'"　[5]'皿虫'为'蛊'：《左传·昭共元年》："晋侯有疾，秦伯使医和视之，曰：'是谓近女室，疾如蛊。'赵孟曰：'何谓蛊？'对曰：'淫溺惑乱之所生也。于文，皿虫为蛊。'"[6]'亥'有'二首六身'：《左传·襄公三十年》："晋悼夫人食舆人之城杞者。绛县人或年长矣，无子而往，与于食。疑年，使之年，曰：'臣生之岁，正月甲子朔，四百有四十五甲子矣。其季于今三之一也。'吏走问诸朝，史赵曰：'亥有二首六身，下二如身，是其日数也。'士文伯曰：'然则二万六千六百有六旬也。'"

译文

有人对我提出质疑说："流传至今的经典，你都说不对，《说文解字》的内容，你都说对，难道许慎比孔子还伟大吗？"我拍手大笑，回答说："今天看到的经典，都出自孔子的亲笔吗？"又问："今天的《说文解字》，都是出自许慎的亲笔吗？"我回答："许慎以六书来解释文字的构型，用部首将它们归类，使所有文字准确无误，有错误也能被发现。而孔子所传之书只是保留大义，对文字并不严格。以前的儒生以自己的理解篡改经典,更何况传抄中出现的错误啊!像《左传》中的'止戈'为'武','反正'为'乏','皿虫'为'蛊','亥'有'二首六身'之类的情况,后人自然不敢随意修改,又怎么敢用《说文解字》来校正经典呢?况且我也并非迷信《说文》,书中引用经传内容,与今天所见矛盾的,我也不敢轻信。"

世间小学者,不通古今,必依小篆,是正书记;凡《尔雅》《三苍》《说文》,岂能悉得苍颉本旨哉?亦是随代损益[1],互有同异。西晋已往字书,何可全非?但令体例成就,不为专辄耳。考校是非,特须消息。

注释

[1]损益:增减,盈亏。

译文

世间研究文字的学者,如果不通晓文字的古今变化,一定要按照小篆的字体,来校正书籍的正误;只是《尔雅》《三苍》《说文解字》,怎么能都洞悉仓颉造字时的本意呢?这些字也是随时间的变化而有增减,相互之间有差异的。西晋以后的字书,怎么能全部否定呢?只要这些字书体例完备,不做无根据的推断就可以了。考校文字的正误,是需要格外谨慎的。

延伸阅读

《书证》是颜之推对经学和史学的研究札记,共四十七条,从内容上来说,涵括了文字、训诂、校勘、文献等多方面的内容,显示了他较高的经学和史学素养,在行文中也可见其自得之意。古代的书刊流传非常不易,不仅传抄致误,战乱也是造成书籍毁亡的重要原因。因此,勘正古籍一直是经史研究最基本的功夫,这关系到后代读书人的理解。颜之推此篇保留了一些经学片段,反映了当时的治学方法、研究水平。由于其中涉及专业的训诂内容,我们只挑选了一些比较易于理解的条目,读者可借此大约领略一下古代读书人的治学内容和咬文嚼字的精神。古代读书人最重要的一门功课称为"经学",也就是关于"五经"(已在前文中注释)的学问,它是古人所有知识的来源。在今天,这些典籍已经没有与之完全对应的科系,它被分散到中文、中国古代历史、中国古代哲学、古汉语、古文字等多个学科中去了。我们的知识主要来源于现代科学,所以对"经学"的理解也萎缩成仿佛对古代文物的研究了。然而,实际的情况是,传统的观念来自经典的灵魂,比如"礼不下庶人,刑不上大夫""微言大义""思无邪""守时待时"都是从"五经"中来的。我们使用它却不知道它的源头,真可谓"百姓日用而不知",我们成为不自知的传承者。

刘师培《经学教科书》(前三课)

第一课 经学总述

三代之时,只有《六经》。《六经》者,一曰《易经》,二曰《书经》,三曰《诗经》,四曰《礼经》,五曰《乐经》,六曰《春秋经》。故《礼记·经解篇》引孔子之言,以《诗》《书》《礼》《乐》《春秋》《易》为《六经》。若《左氏》《公羊》《穀梁》三传,咸为记《春秋》之书。《周礼》原名《周官经》,《礼记》原名《小戴礼》,皆与《礼经》相辅之书。《论语》《孝经》虽为孔门绪言,亦与"六经"有别。至《尔雅》列小学之门,《孟子》为儒家之一,《中庸》《大学》咸附《小戴礼》之中,更不得目之为经。西汉之时,或称"六经",或称"六艺"。厥后《乐经》失传,始以《孝经》《论语》配"五经",称为"七经"。至于唐代,则《春秋》《礼经》咸析为三,立"三传""三礼"之名,合《易》《书》《诗》为"九经"。北宋之初,于《论语》《孝经》而外,兼崇《尔雅》《孟子》二书,而十三经之名,遂一定而不可复易矣。及程朱表彰《学》《庸》,亦若十三经之外复益二经,流俗相沿袭焉不察,以传为经,以记为经,以群书为经,以释经之书为经,此则不知正名之故。

第二课 经字之定义

《六经》之名始于三代,而经字之义,解释家各自不同。班固《白虎通》训经为"常",以"五常"配五经。刘熙《释名》训经为"径",以经为常典,犹径路无所不通。案:《白虎通》《释名》之说,皆经字引伸之义。惟许氏《说文》经字下云:"织也,从系,巠声。"盖经字之义,取象治丝,纵丝为经,衡丝为纬,引伸之,则为组织之义。上古之时,字训为饰,又学术接受多凭口耳之流传,《六经》为上古之书,故经书之文奇偶相声,声韵相协,以便记诵。而藻绘成章,有参伍错综之观。古人见经文多文言也,于是假治丝之义而锡以"六经"之名。即群书之用文言者,亦称之为经,以与鄙词示异。后世以降,以"六经"为先王之旧典也,乃训经为法。又以"六经"为尽人所共习也,乃训经为常。此皆经字后起之义也。不明经字之本训,安知"六经"为古代文章之祖哉?

《熹平石经》拓片

第三课　古代之《六经》

《六经》起原甚古。自伏羲仰观俯察作八卦以类物情,后圣有作,递有所增,合为六十四卦。而施政布令,备物利用,咸以卦象为折中。夏《易》名《连山》,商《易》名《归藏》,今皆失传,是为《易经》之始。上古之君,左史记言,右史记动,言为《尚书》,动为《春秋》,故唐、虞、夏、殷咸有《尚书》,而古代史书复有三坟五典,是为《书经》《春秋经》之始。谣谚之兴,始于太古,在心为志,发言为诗。虞、夏以降,咸有采诗之官,采之民间,陈于天子,以观民风,是为《诗经》之始。乐舞始于葛天,而伏羲、神农咸有乐名。至黄帝时,发明六律五音之用,而帝王易姓受命,咸作乐以示功成,故音乐之技代有兴作,是为《乐经》之始。上古之时,社会蒙昧,圣王既作本习俗以定礼文,故唐虞之时以天地人为"三礼",以吉、凶、军、宾、嘉为"五礼",降及夏、殷,咸有损益,是为《礼经》之始。由是言之,上古时代之学术,奚能越《六经》之范围哉?特上古之"六经"淆乱无序,未能荟萃成编,此古代之"六经"所由,殊于周代之《六经》也。

（选自刘师培《绍学教科书》）

思考讨论

1. 你认为今天的人读孔子编写的书,意义是什么?
2. 在今天看来,经典中的"变"和"不变"分别是什么?

第七章

音辞第十八

夫九州之人[1]，言语不同，生民已来，固常然矣。自《春秋》标齐言之传[2]，《离骚》目《楚词》之经，此盖其较明之初也。后有扬雄著《方言》，其言大备。然皆考名物之同异，不显声读之是非也[3]。逮郑玄注《六经》[4]，高诱解《吕览》[5]《淮南》[6]，许慎造《说文》，刘熹制《释名》[7]，始有譬况假借以证音字耳[8]。

注释

[1]九州：古代中国设置的九个州，《尚书·禹贡》中为"冀、豫、雍、扬、兖、徐、梁、青、荆"，与《尔雅》《周礼》记载有异。后泛指中国。　[2]《春秋》标齐言之传：《春秋公羊传·隐公五年》有"公曷为远而观鱼？登来之也"。下文有注说："登来，读言得来。得来之

者,齐人语也;齐人名求得为得来,其言大而急,由口授也。" [3]声读:读音。　[4]逮:到。　[5]《吕览》:《吕氏春秋》,为秦人吕不韦的门客所撰。　[6]《淮南》:《淮南子》,为西汉淮南王刘安所招方士所撰。　[7]刘熹:也作"刘熙"。　[8]譬况:比方。

译文

全国各地的人,使用的语言是不同的,有了人类之后,一直都是这样的。自从《春秋》的《公羊传》特别标志齐国方言,《离骚》被认为是楚国方言的经典,方言的差异已被人们所认识。后来扬雄撰写了《方言》,内容就很齐备了,但都是考释名物的异同,不注明语音的正误。再到后来郑玄注释《六经》,高诱注释《吕氏春秋》《淮南子》,许慎撰写《说文解字》,刘熹撰写《释名》,才开始用譬况假借的方法来说明字音。

而古语与今殊别,其间轻重清浊,犹未可晓;加以内言外言[1]、急言徐言[2]、读若之类,益使人疑。

注释

[1]内言外言:古代注音使用譬况方法的用语,内外指韵之洪细,内言发洪音,外言发细音。　[2]急言徐言:古代注音使用

譬况方法的用语,急言指发音中有"i"的细音字,其音急促;徐言即缓言,缓气之言。

译文

然而,古代的语音和今天的差别很大,其中的轻重清浊很难知道,再加上采用内言外言、急言徐言、读若的注音方法,更加令人困惑。

南方水土和柔,其音清举而切诣,失在浮浅,其辞多鄙俗。北方山川深厚,其音沈浊而鈋钝[1],得其质直,其辞多古语。然冠冕君子,南方为优;闾里小人[2],北方为愈。易服而与之谈,南方士庶,数言可辩;隔垣而听其语[3],北方朝野,终日难分。而南染吴、越,北杂夷虏[4],皆有深弊,不可具论。

注释

[1]鈋(é)钝:浑厚,不尖锐,去角变圆。　[2]闾(lǘ)里:乡里,平民聚居处。　[3]垣(yuán):矮墙,墙。　[4]夷虏:对外族的贬称。

译文

南方的水土和顺柔软,南方人的口音清扬急促,弱点是轻浮浅薄,用词也多俗鄙。北方的山川高峻厚重,北方人的口音低沉粗重,迟缓圆钝,体现了语音的质朴,其中保留了很多古代的语言。然而,要论衣冠楚楚的君子之语,要听南方人;而下里巴人的市井语言,则要听北方人。即使他们交换了服装,南方的士人和庶民,说几句话就可以分辨出来;而如果隔着墙听北方人说话,就是一整天,官宦与平民很难区分。南方的语音受吴、越地区方言的感染,而北方的则受蛮夷鞑虏的影响,都有很严重的弊端,不能一一说明。

夫物体自有精粗,精粗谓之好恶;人心有所去取,去取谓之好恶。此音见于葛洪、徐邈。而河北学士读《尚书》云好生恶杀。是为一论物体,一就人情,殊不通矣。

译文

事物有精细和粗糙的分别,人们对这样的精粗之别称为好恶;人的心有取择有弃去,这样的取择和弃去也称为好恶。"好恶"的读音见于葛洪和徐邈的音韵著作。然而河北地区的读书人念到《尚书》的"好生恶杀"时,用了形容事物精粗的音,而不是表

第七章 | 175

达感情的好恶，真是太说不通了。

甫者，男子之美称，古书多假借为"父"字；北人遂无一人呼为"甫"者，亦所未喻。唯管仲、范增之号[1]，须依字读耳。

注释

[1]管仲、范增之号：管仲号仲父，范增号亚父。

译文

"甫"是古代对男子的美称，在古代书籍中多假借为"父"字，因此，北方没有人把"父"字读为"甫"，这是不明白字的来历。但是唯有管仲和范增的名号，仍然依照"父"的原音读。

邪者，未定之词。《左传》曰："不知天之弃鲁邪？抑鲁君有罪于鬼神邪？"《庄子》云："天邪地邪[1]？"《汉书》云："是邪非邪？"之类是也。而北人即呼为也，亦为误矣。难者曰："《系辞》云[2]：'乾坤，易之门户邪？'此又为未定辞乎？"答曰："何为不尔！上先标问，下方列德以折之耳。"

注释

[1]天邪地邪:应为"父邪母邪",语出《庄子·大宗师》。
[2]《系辞》:《周易》中的一篇传。

译文

"邪"是表示疑问的字。《左传》说:"不知道是天要放弃鲁国呢?还是鲁君对鬼神犯有罪行?"《庄子》说"天邪地邪",《汉书》说"是邪非邪",诸如此类。北方人都读为"也",是错误的。有人反问我:"《系辞》说:'乾坤,易之门户邪?'这句难道也是不确定的疑问句吗?"我回答:"为什么不是?这里是设问,下面就会阐明乾坤的意思来回答。"

江南学士读《左传》,口相传述,自为凡例,军自败曰"败",打破人军曰"败"。诸记传未见"补败反",徐仙民读《左传》[1],唯一处有此音,又不言自败、败人之别,此为穿凿耳。

注释

[1]徐仙民:即徐邈。东晋经学家,著有群经的《音训》,与弟弟徐广并称"大小徐",著称于古代语言史。

译文

江南地区的读书人念《左传》，都是口口传述，自成章法凡例，己方军队打败的"败"（蒲迈反）和打败对方军队的"败"（补败反）的读音不同。各种传、记的书都没有见到有"补败反"的读音，徐邈的《春秋左氏传音》中，只有一处标注了这一读音，但不区分是自败还是败人，可见江南的凡例是穿凿附会了。

延伸阅读

现代人对于秦始皇的印象大概只有残暴和短命，而他其实做了一件很了不起的事情就是"书同文，车同轨"，也就是将被秦国征服的疆域的文字统一起来。我们去翻看一下先秦的六国文书，就知道这个举动有多么不容易。但是，即使有统一的文字，语音的统一似乎还是很难实现的，因为语音受地理环境因素影响更大。不论是否懂得文字，语言的使用从不会间断，那么统一语音的工作就由文字来完成。本篇所说的正是因地域因素造成对文字读音的差别，在有些地方分得清楚的读音，在其他地方就含混不清。这其中不仅是单纯的音韵学的问题，还包含着民俗、文化等多种因素。

古代注音法——直音

中国古代没有拼音字母，只好用汉字来注音。《说文》中常常说"读若某"，后人说成"音某"。例如《诗经·周南·芣苢》"薄言掇之"《毛传》："掇，拾也。"陆德明《经典释文》说："拾，音十。"这就是说,"拾"字应该读像"十"字的音。这种注音方法叫作"直音"。直音有很大的局限性:有时候,这个字没有同音字,例如普通话里的"丢"字,我们找不到同音字来注直音;有时候(这是更常见的情况),这个字虽有同音字,但是那些同音字都是生僻的字,注了直音等于不注,例如"穷"字,《康熙字典》音"窮",以生僻字注常用字,这是违反学习原则的。

另有一种注音法跟直音很相似,那就是利用同音不同调的字来注音。例如"刀"字,《康熙字典》注作"到平声音"。"刀"是平声字,"到"是去声字,单说"音到"是不准确的,必须把"到"字的声调改变了,才得到"刀"字的音。这种注音法是进步的,因为可以避免用生僻字注常用字(如"刀"音"舠");但是也有缺点,因为需要改变声调,然后才能读出应读的字音。

反切是古代的拼音方法,比起直音法是很大的进步。可以说,反切方法的发明,是汉语音韵学的开始。

反切的原理

反切的方法是用两个字拼出一个音来。例如宰相的"相"音"息亮反",这就是说,"息"和"亮"相拼,得出一个"相"音来。这个方法大约兴起于汉末,开始的时候叫作"反",又叫作"翻"。唐人忌讳"反"字,所以改为"切"字。例如"相,息亮切"。"反"和"切"只是称名的不同,其实是同义词(都是"拼音"的意思)。有人以为上字为"反",下字为"切",那是一种误解。

反切虽是一种拼音方法,但是它和现代的拼音方法不一样。现代的拼音方法是根据音素原则来拼音的,每一个音素用一个字母表示(有时用两个字母,但也认为是固定的一个整体,如 zh, ch, ng,er），因此，汉字注音，既可以用一个字母，如"阿"a；也可以用两个字母，如"爱"ai，"路"lu；或三个字母，如"兰"lan；或四个字母，如"莲"lian(汉语拼音字母有用五个字母和六个字母的；或只应当做三个音素看待，如"张"zhang；或者当作四个音素看待，如"良"liang、"庄"zhuang）。而古代的反切是根据声韵原则来拼的，它是一种双拼法，总是用两个字来拼读，不多不少。

（选自王力《汉语音韵》）

杂艺第十九

真草书迹[1]，微须留意。江南谚云："尺牍书疏，千里面目也。"承晋、宋余俗，相与事之，故无顿狼狈者。吾幼承门业，加性爱重，所见法书亦多，而玩习功夫颇至，遂不能佳者，良由无分故也。然而此艺不须过精，夫巧者劳而智者忧，常为人所役使，更觉为累；韦仲将遗戒[2]，深有以也。

注释

[1]真草：楷书和草书。真书指楷书、正书。　[2]韦仲将遗戒：三国时魏国的书法家，登梯为魏明帝新建的殿堂题字，下来时已一头白发，于是告诫子孙切莫学书。典出《世说新语·巧艺》。

译文

楷体和草体的书法作品,需要稍加留心。江南有谚语说:"一尺长的书简,可以让千里以外的人见到你的面目。"江南继承晋、宋的风俗,都信奉这句话,所以没有对书写怠慢的。我从小受家庭教育,又加上对书法十分重视,看到的书法作品又多,鉴赏临摹的功夫下得不少,但终究水平不高,是因为没有这方面的天分。然而,这方面的技艺也不必过于精湛,灵巧的人总是多劳累,聪明的人总是多忧虑,经常被人使唤,就更觉得累了。韦仲将对子孙不要学书法的规诫,我深以为是。

梁氏秘阁散逸以来[1],吾见二王真草多矣,家中尝得十卷。方知陶隐居[2]、阮交州[3]、萧祭酒诸书[4],莫不得羲之之体,故是书之渊源。萧晚节所变,乃右军年少时法也。

注释

[1]秘阁:古代皇宫藏书之所,也称秘府。 [2]陶隐居:南朝梁代人陶弘景,精通草药,以炼丹著称,撰有《本草经集注》等。 [3]阮交州:南朝梁代人阮研,官至交州刺史,擅长书法,尤其是行草,以得王羲之体著称。 [4]萧祭酒:南朝梁代人萧子云,曾任

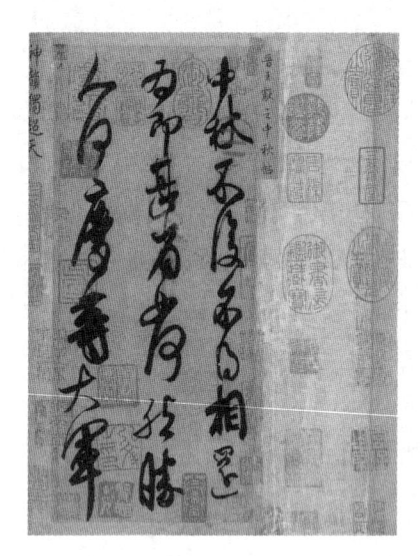

王献之真草书法

国子监祭酒,书艺与阮研并称。

译文

南朝梁秘阁的藏书散佚以来,我看到过王羲之、王献之的很多真迹,家里曾经也收藏了十卷。由此也知道陶弘景、阮研、萧子云的书法,都受到王羲之的影响,所以说王羲之的字是书法的渊源。萧子云晚年的书体有所变化,却是王羲之少年时的笔法了。

晋、宋以来,多能书者。故其时俗,递相染尚,所有部帙[1],楷正可观,不无俗字,非为大损。

至梁天监之间,斯风未变;大同之末,讹替滋生[2]。

注释

[1]部帙(zhì):指书籍。　　[2]讹(é):错误。

译文

晋、宋以来,出现很多擅长书法的大家。由于当时崇尚书法的风气,人们互相感染促进,所有撰著的书籍,字体都是楷书正体,颇为可观,其中虽然不乏俗字,但无伤大雅。到了梁朝天监年间,这种风气仍没有改变,但到了大同末年,讹误的字体就开始滋生出来。

画绘之工,亦为妙矣;自古名士,多或能之。吾家尝有梁元帝手画蝉雀白团扇及马图[1],亦难及也。武烈太子偏能写真[2],坐上宾客,随宜点染,即成数人,以问童孺,皆知姓名矣。

注释

[1]梁元帝:萧绎,擅长绘画,尤其是佛画。　　[2]武烈太

子:梁元帝长子萧方等,谥武烈。擅长绘画,尤工写生。

译文

绘画的技艺是非常奇妙的,自古以来名士大多擅长此道。我家里曾经收藏梁元帝画的蝉雀白团扇和马图,一般人的水平很难及得上。武烈太子尤其擅长写真,来访的宾客,经他随手画上几笔,就能把他们画下来,拿去问小童,能说出所有人的姓名。

弧矢之利,以威天下,先王所以观德择贤,亦济身之急务也。江南谓世之常射,以为兵射,冠冕儒生,多不习此;别有博射[1],弱弓长箭,施于准的,揖让升降,以行礼焉。防御寇难,了无所益。乱离之后,此术遂亡。河北文士,率晓兵射,非直葛洪一箭,已解追兵,三九宴集,常縻荣赐[2]。虽然要轻禽,截狡兽,不愿汝辈为之。

注释

[1]博射:古代一种游戏性的射箭方式。　　[2]縻(mí):捆、拴。

译文

弓箭的锋利,是可以威慑天下的,先王以射箭来观察人的德行,选择贤人,同时也用来紧急时防身。江南地区称一般的射箭叫作兵射,戴冠冕的儒生大多不练习兵射;另外有博射,用柔软的弓和长的箭,射向靶心,讲究揖让升降,以此表达礼仪,如果用来抵御敌寇,是一点威力都没有的。战乱发生以后,这种博射就消失了。河北地区的文士,大都懂得兵射,不但能像葛洪一样,用一支弓箭就击退追兵,而且在三公九卿宴饮的场合,也凭射箭的本领获得赏赐。即便如此,用射箭去伤害飞禽和走兽,我还是不希望你们去做这样的事。

卜筮者,圣人之业也;但近世无复佳师,多不能中。古者,卜以决疑,今人生疑于卜,何者?守道信谋,欲行一事,卜得恶卦,反令恜恜[1],此之谓乎!且十中六七,以为上手,粗知大意,又不委曲,凡射奇偶,自然半收,何足赖也。

注释

[1] 恜(chì)恜:忧虑不安。

译文

卜筮是圣明人的职业;但近世没有出现好的卜筮者,大都不能卜出应验的结果。古时候,卜筮是用来决断疑惑的,现在人却对卜筮产生了怀疑,原因何在?坚守道义,自信所谋的人,想要做一件事,却卜到了不好的卦,反而惴惴不安起来,说的就是这种情况。况且卜筮十次中有六七次应验,人们就将其称为高手了,其实只是一知半解,不知道其中的奥妙,好比猜奇偶,怎么都会答对一半,又怎么能依赖这样的高手呢?

凡阴阳之术,与天地俱生,亦吉凶德刑,不可不信;但去圣既远,世传术书,皆出流俗,言辞鄙浅,验少妄多。至如反支不行[1],竟以遇害;归忌寄宿[2],不免凶终。拘而多忌,亦无益也。

注释

[1]反支:即反支日,古代术数星命之说,以阴阳五行配合岁月日时,决定日之吉凶。 [2]归忌:不宜回家的日子。

译文

阴阳之术,与天地一起产生,它的吉凶得失,不能不相信;但是精通此术的圣人离我们很远,世间流传的术数之书,又都是出于平庸之辈,言辞鄙薄浅显,应验的少,妄断的多。还有像反支日不宜出行,却还是有人遇害;归忌日寄宿在外,却避免不了遭凶。这样的卜筮拘束且多忌讳,其实没有什么益处。

算术亦是六艺要事,自古儒士论天道,定律历者,皆学通之。然可以兼明,不可以专业。江南此学殊少,唯范阳祖暅精之[1],位至南康太守。河北多晓此术。

注释

[1]祖暅(xuǎn):古代著名数学家祖冲之的儿子。

译文

算术也是六艺里面的重要科目。自古以来儒士讲论天道,制定音律历法,都要精通算术。但是,算术是可以附带掌握的学问,却不能将其作为专业。江南地区懂算术学的人很少,只有范阳的祖暅精于此道,他官至南康太守。河北地区的人大多懂得算术。

医方之事,取妙极难,不劝汝曹以自命也。微解药性,小小和合[1],居家得以救急,亦为胜事。

第七章 | 187

注释

[1]和合:调和。

译文

行医开方这件事,要达到精通的程度非常难,不劝勉你们以此为目标。只要稍微了解一点药的特性,懂一点配方,居家生活中可以救急,也就够了。

《礼》曰:"君子无故不彻琴瑟[1]。"古来名士,多所爱好。泊于梁初,衣冠子孙,不知琴者,号有所阙;大同以末,斯风顿尽。然而此乐愔愔雅致[2],有深味哉。今世曲解,虽变于古,犹足以畅神情也。唯不可令有称誉,见役勋贵[3],处之下坐,以取残杯冷炙之辱。

注释

[1] 君子无故不彻琴瑟:语出《礼记·曲礼下》。彻,通"撤"。 [2]愔(yīn)愔:和悦、安详的样子。　[3]见役:被奴役。

译文

《礼记》上说:"君子不会没有原因地不去弹琴。"自古以来的名人雅士,大都喜欢弹琴。到了梁朝初年,官宦人家的子弟,如果不懂得弹琴,就被认为是身份的一种缺损;大同年末,这种风气完全消失了。然而,琴乐幽远雅致,有很深的意蕴。现在的乐曲,虽然与古乐不同,但也足以抒发人的感情了。唯独不能因琴技出色而享美誉,被权贵们差遣,坐在下等人的位置,受吃残羹冷炙的侮辱。

投壶之礼[1],近世愈精。古者,实以小豆,为其矢之跃也。今则唯欲其骁,益多益喜,乃有倚竿、带剑、狼壶、豹尾、龙首之名,其尤妙者,有莲花骁。

投壶礼

注释

[1]投壶:古人宴会时的游戏,设特制之壶,宾主依次投矢其中,中多者为胜,负者饮酒。

译文

投壶之礼,到了近代愈加精妙。古时候,在壶里装上豆子,为了不让箭从壶里弹出来。今天却希望箭弹出来,越多越刺激,根据弹出的情形便有了倚竿、带剑、狼壶、豹尾、龙首的名目,其中最妙的,要数莲花骁。

延伸阅读

古人除了读书之外,还有很多陶冶性情的玩意儿,做得多了,自然到了精湛的程度,既养飘逸之气,又可留给后人鉴赏。琴、棋、书、画虽然方式不同,但其实都是把玩者的器宇的体现。在各个艺术门类中,讲究气韵是共同的特点,弹琴讲究气定神闲,下棋讲究得气而生,书法讲究一气呵成,绘画讲究气韵生动,这些气都来自作者。气之精者,则作品高古,气之粗者,则作品俗媚。古人"玩"的门类是很多的,对象大都是自然的物与事,因为它们蕴藏着无穷的天地奥秘,以及人在接物时发现与之相通的奇妙的各种情状,心灵因此得到抚慰与净化。

李渔《闲情偶寄》
听琴观棋

弈棋尽可消闲,似难借以行乐;弹琴实堪养性,未易执此求欢。以琴必正襟危坐而弹,棋必整橐横戈以待。百骸尽放之时,何必再期整肃?万念俱忘之际,岂宜复较输赢?常有贵禄荣名付之一掷,而与人围棋赌胜,不肯以一着相饶者,是与让千乘之国,而争箪食豆羹者何异哉?故喜弹不若喜听,善弈不如善观。

人胜而我为之喜,人败而我不必为之忧,则是常居胜地也;人弹和缓之音而我为之吉,人弹噍杀之音而我不必为之凶,则是长为吉人也。或观听之余,不无技痒,何妨偶一为之,但不寝食其中而莫之或出,则为善弹善弈者耳。

看花听鸟

花鸟二物,造物生之以媚人者也。既产娇花嫩蕊以代美人,又病其不能解语,复生群鸟以佐之。此段心机,竟与购觅红妆,习成歌舞,饮之食之,教之诲之以媚人者,同一周旋之至也。而世人不知,目为蠢然一物,常有奇花过目而莫之睹,鸣禽悦耳而莫之闻者。至其捐资所购之姬妾,色不及花之万一,声仅窃鸟之绪余,然而睹貌即惊,闻歌辄喜,为其貌似花而声似鸟也。

噫!贵似贱真,与叶公之好龙何异?予则不然。每值花柳争妍之日,飞鸣斗巧之时,必致谢洪钧,归功造物,无饮不奠,有食必陈,若善士信妪之佞佛者。夜则后花而眠,朝则先鸟而起,惟恐一声一色之偶遗也。及至莺老花残,辄怏怏如有所失。是我之一生,可谓不负花鸟;而花鸟得予,亦所称"一人知己,死可无恨"者乎!

浇灌竹木

"筑成小圃近方塘,果易生成菜易长。抱瓮太痴机太巧,从中酌取灌园方。"此予山居行乐之诗也。能以草木之生死为生死,始可与言灌园之乐,不则一灌再灌之后,无不畏途视之矣。殊不知草木欣欣向荣,非止耳目堪娱,亦可为艺草植木之家,助祥光而生瑞气。不见生财之地,万物皆荣,退运之家群生不遂?气之旺与不旺,皆于动植验之。若是,则汲水浇花,与听信堪舆、修门改向者无异也。不视为苦,则乐在其中。督率家人灌溉,而以身任微勤,节其劳逸,亦颐养性情之一助也。

(选自李渔《闲情偶记》)

思考讨论

1. 说说你与大自然的关系。
2. 在你经营兴趣和技艺的时候,心灵的感受是怎么样的?

终制第二十

死者,人之常分,不可免也。吾年十九,值梁家丧乱,其间与白刃为伍者,亦常数辈;幸承余福,得至于今。古人云:"五十不为夭。"吾已六十余,故心坦然,不以残年为念。先有风气之疾[1],常疑奄然[2],聊书素怀,以为汝诫。

注释

[1]风气:病名。　　[2]奄(yǎn)然:气息微弱。

译文

死亡是人生之常情,不能避免。我十九岁的时候,正值梁朝变乱,其间经历刀光剑影也有好几次;幸亏承先人保佑,才活到今天。古人说:"人五十岁以后去世就不叫夭折了。"我现在已经六十多了,所以心情坦然,不再会为短寿而耿耿于怀了。之前得了风气病,常常怀疑大限已近,姑且把这些过去面对死亡的想法写下来,作为对你们的训诫。

今年老疾侵,傥然奄忽[1],岂求备礼乎?一日放臂,沐浴而已,不劳复魄[2],殓以常衣。先夫人弃背之时,属世荒馑,家涂空迫,兄弟幼弱,棺器率薄,藏内无砖[3]。吾当松棺二寸,衣帽已外,一不得自随,床上唯施七星板;至如蜡弩牙、玉豚、锡人之属[4],并须停省,粮罂明器[5],故不得营,碑志旒旐[6],弥在言外。载以鳖甲车[7],衬土而下,平地无坟;若惧拜扫不知兆域[8],当筑一堵低墙于左右前后,随为私记耳。

注释

[1]奄忽:死亡。以下"放臂""弃背"都是死亡的意思。[2]复魄:人死后执其衣服登至屋顶招魂。　[3]藏(zàng):墓穴。　[4]蜡弩牙、玉豚、锡人:古人的陪葬物品。　[5]明器:古代用竹、木或陶土专为随葬而制作的器物。后世又有用纸扎成的送葬物称为明器。　[6]旒旐(liú zhào):出殡时在灵柩前的幡旗。　[7]鳖甲车:灵车,因车盖形似鳖甲而名。　[8]兆域:墓地四旁的界限。

译文

今年旧疾复发,如果突然去世,怎么能要求礼仪齐备呢?去世的那天,只要为我沐浴遗体就可以了,不用去招魂了,入殓的时候穿平时的衣服就可以了。我母亲去世的时候,正好遇上饥荒,家徒四壁,兄弟们都还幼小羸弱,所用的棺木和葬仪都很简朴,墓葬内没有一块砖。我也只准备一口两寸厚的松木棺,除了衣服和帽子以外,其他都不要随葬,棺底只要铺一张七星板就够了;至于像蜡弩牙、玉豚、锡人这类东西,都不要用,粮罂明器本来也不用去准备,墓碑铭旗,那就更不用提了。棺木用灵车运载,埋入土坑即可,地面上不要有凸起的坟头。如果怕祭扫的时候找不到地方,就筑一堵矮墙在四周,顺便做些私人的标记。

灵筵勿设枕几[1],朔望祥禫[2],唯下白粥清水干枣,不得有酒肉饼果之祭。亲友来馂酹者[3],一皆拒之。汝曹若违吾心,有加先妣,则陷父不孝,在汝安乎?

注释

[1]灵筵:停尸的床。　[2]祥禫:古代丧礼中祥祭和禫祭,死后第十三个月后行祭称为"小祥",第二十五个月后行祭称为"大祥";第二十七个月行"禫祭",丧家除去丧服,丧礼完全结束。[3]馂(chuò):祭奠。酹(lèi):以酒洒地表示祭奠。

译文

灵床上不要设置枕几,初一、十五、祥祭、禫祭,只要摆上白粥、清水和干枣就够了,不要用酒肉果饼作祭品。亲戚朋友有要来祭奠的,一律拒绝。如果你们违背了我的心意,比我祭奠母亲更隆重的话,就是陷我于不孝,你们能心安吗?

其内典功德,随力所至,勿刳竭生资[1],使冻馁也。四时祭祀,周、孔所教,欲人勿死其亲,不忘孝道也。求诸内典,则无益焉。杀生为之,翻增罪累。若报罔极之德,霜露之悲[2],有时斋供,及七月半盂兰盆,望于汝也。

注释

[1]刳(kū):剖开,挖空。　[2]霜露之悲:霜露生起的时节,感念亲人。

译文

至于念佛诵经的佛事,量力而行,不要特意破费,反而使家人挨饿受冻。一年四季的祭祀,是周公、孔子的教诲,目的是希望人们不忘记故去的亲人,不忘记孝道。查看佛典,大肆祭祀没有什么好处。杀牲口做祭品,反而增加罪过。如果要回报父母的养育之恩,抒发内心的悲伤,就适时地斋戒供奉,到七月半盂兰盆节的时候,我会期盼你们的祭奠。

孔子之葬亲也,云:"古者,墓而不坟。丘东西南北之人也,不可以弗识也。"于是封之崇四尺。然则君子应世行道,亦有不守坟墓之时,况为事际所逼也!吾今羁旅[1],身若浮云,竟未知何乡是吾葬地;唯当气绝便埋之耳。汝曹宜以传业扬名为务,不可顾恋朽壤,以取堙没也[2]。

注释

[1]羁(jī)旅:长久寄居他乡。　　[2]堙(yīn)没:埋没。

译文

孔子埋葬自己的亲人时说:"古代的时候,筑墓是不垒坟的。我孔丘是四方漂泊的人,不能不在墓处做标志。"于是,就垒起四尺的坟。但是,君子立世行道,也有不能守着坟墓的时候,更何况为情势所逼迫!我现在离乡背井,像云一样四处漂移,竟然不知道哪里应该是我的葬身之地;只有当断气时就地埋葬了。你们应该以传承家业、扬名天下为使命,不可以顾及留恋我的墓地,以致埋没了自己的人生。

延伸阅读

当死亡还没有发生的时候,它是一个哲学问题,当死亡发生的时候,它变成一个生物学的问题。可是,人的一生都被这个哲学问题所困扰,因此有人说哲学就是练习死亡。练习死亡不是根据死亡瞬间的身心状况做好心理预期,而是筹划临近死亡或死亡之后的自己与周遭。颜之推的《终制篇》就是对人的亡故,包括他自己的后事安排。这不仅仅是对尸体的处置、丧仪物品的陈设或祭奠仪式的丰俭，因为中国人的丧礼每一个步骤都包含了丰富的对于去世者和在世者的关照，而对于这些仪式的解读，也让人懂得生命的价值和意义。

周何《中国传统丧礼的含义》

丧礼，是我国固有文化中最精密的瑰宝。自古以来，一直受到知识分子的重视。从《礼记》以下，历代有关礼学的著述中，都以丧礼、丧服所占的篇卷为最多。近些年来，由于经济繁荣，工商业发达，一般人的生活节奏变得快速，对于过去的许多旧礼俗，往往会产生步伐缓慢而不合时宜的感觉。特别是丧礼，一则是由于烦琐费时，再则是许多人不了解这些仪式的意义，完全听人摆布去做，自会因那些似乎不必要的形式而感到无奈。在这样无奈的情形下，很容易产生排斥抗拒的心理，进而提出简化改革的要求。

所以，问题的关键出在现代人对"礼"的不了解。所谓"礼"并不是指那些仪节的形式，而是寄托于这些形式之上、最初设计的用意。任何一种礼制的形成，一定有其设计的构想；而这种礼制之所以流传，也必然有其确实适合生活的功能。

一、招魂的"复礼"——魂兮归来

复礼，俗称为招魂，《仪礼·士丧礼》记载"复"礼的仪式，复者用梯子由正屋的东角爬上屋去，站在屋脊的中央，面向北方，手里拿着亡者别在一起的上衣和下裳，用力招摇着，同时拉长了声音喊着亡者的名字，希望借此喊叫，能让亡者魂兮归来。

人死之后，是否真的还有灵魂？经过招魂的喊叫，是否真有魂魄归体，起死回生的实例？答案可能很难证实，但这并不重要，重要的是这个程序，多少给人一线希望，凭着这一线希望，自然肯定了丧礼中必须要有如此安排的意义。

二、袭与饭含——对亡者的尊重与挂念

当确定亲人已无生命迹象后，首先需用一张宽大的薄被单，将亡者从头到脚覆盖起来，这就叫"袭"。其用意在于隔离，表示生者与亡者确实不同了，同时也表示对亡者遗体的尊重。饭含，是用米饭或玉贝放入亡者的口内，放米饭是挂念亡者在黄泉路上会饥饿，放玉是防虫蚁的侵害。不过，现代很少采用这个仪式了，虽然少用，但是讣闻里还是常见"亲视含殓"的字样，说明礼不可废的事实。而且亲人亡故，此后想再见一面都很难，子女能随侍在侧，亲视含殓是难能可贵的。万一因事羁留在外，噩耗传来，也一定匍匐奔丧星夜赶来见最后一面，以免后悔不及。

三、五等丧服——亲疏关系的确定

我国的丧服制度，大约起自于周代，汉初流传的《仪礼》有《丧服》一篇，是现今所存最完整的制度。丧服大致分五种等级，通称五等丧服，属于五服之内的，无论血缘关系的亲疏远近，观念上总会认定是同一家族之内的事；如果不在五服之内，自然属于外人。所以从丧服中可以看出中国人的"内外有别"的家族观念。完整的家族中，依共同生活相处情感的深浅和血缘的远近为准，亲属关系大致可分为五类。五等丧可能不足以明确地区分等级，所以除了丧服质料颜色的大类五等外，还有其他装饰配件的使用也可以作为区分亲属等级的亲疏。

四、三日而殓——一丝渺茫的企盼

亲人既已亡故，无可挽回，只好对其遗体加以妥善收藏，尽一份人子爱亲最后的心意。在程序上，必须先收拾好，然后才能永远藏起来，所以丧礼中的安排，也是先"殓"，然后再"葬"。葬前的

第七章 | 199

及魯人往從塚上而
家去百餘室
從遊三千
恩義並全
若父母服
心喪三年
既訣而離
哀思孔悲
賢哉賜也
六載相依

孔子葬魯城北泗上，弟子皆服心喪三年，畢相訣而去各復盡哀，惟子貢廬於塚上，凡六年然後去，弟子及魯人往從塚上而

第七章 | 201

妥善收拾，也正是表心意的重点所在。为了达到妥与善的要求，因此就有小殓、大殓之分。

小殓要求善，大殓则要求妥。小殓包括沐浴、化妆、更衣等，目的在于善加珍摄。大殓入棺，则旨在妥为保存。虽然说，善加珍摄，妥为保存，亡者根本没有感觉，其实这些都是尽量让生者能感到心安的安排。

小殓、大殓如能由自己家人来做，不必假手他人，似乎应该比较好些。譬如大殓入棺时，现在还是规定要由孝子捧头，孝媳捧脚，当自己的手接触到先人遗体的一刹那，再怎么冷静的人，都会因感受到强烈的冲击而自然流泪。

五、殡——调适身心的缓冲期

现代人对殡仪馆这个名词大概不会太陌生，但"殡"字究竟含义为何，恐怕少有人知。其实主人奉尸入棺，就是有别于小殓的大殓，而"殡"者是指自大殓之后，直到出殡前的这段时间里，棺柩一直停厝于此，是之谓殡。

把棺柩停厝在堂上，早晚各有一次奠祭，谓之"朝夕奠"或"朝夕哭"，事实上那是延续日常生活中的昏定晨省，所不同的是如今人已物故，棺柩在堂，于是自能体会到这是无法改变的事实。亡者已矣，生者还是要活下去，不能一味地陷溺于痛苦以至于颓废。所以在朝夕奠中准许一哭外，其他时间即不许再哭，所以又称朝夕哭。这也意味着亲属到此时必须练习着控制情绪，尽量把悲哀隐藏于心底，才能由激动逐渐恢复到平静。

现代都市的家庭空间非常窄狭，公寓式的客厅根本不容许停厝棺柩，楼梯、电梯更无法抬运，而且时日长久，邻居可能都会有意见，于是殡仪馆、葬仪社等应运而生。许多事务都有专人负责，家属不必操心,但也有许多可以激发亲情,或者表达哀思的机会,也因退居一旁,没有亲自参与,而减低了应有的感受。

六、葬——遗蜕的珍惜掩藏

《说文》云:"吊,问终也。从人弓。古之葬者,厚衣之以薪,故人持弓会驱禽也。"葬之中野,即使是厚衣之以薪,仍会有野兽把尸身挖出来的可能,孝子不忍见父母为禽兽所食,故做弹以守之。可能就是后世有人庐墓,不忍离去的滥觞。

后来,觉得这样的葬法不好,于是自然会想到建造棺椁,内棺曰棺,外棺曰椁,内外有两层或多层的保护,应当安全得多。然后又想到掘土为坎,营建墓穴,棺柩放进去后,再加土覆埋,则掩藏得更为安全妥当,也就是所谓的"土葬"。

最初土葬,表面是与地齐平的,后来发现时日久了,不易找到墓地所在,所以又有由平墓进而聚土为高坟,坟前再设标志的演变,那就不用担心找不着亲人安葬的所在了。

七、虞——安顿浮游漂泊的精魂

现今的丧葬礼仪,大抵都是上午八时家奠,九时公奠,十时或十一时发引。无论是土葬或火葬,总要到中午以后才能结束。殡仪馆里,来吊奠的宾客,大都是到灵前去行个礼,至多再坐一会儿,等到奠毕撤帷就散了。少数至亲好友,则愿意跟着一起去墓地或火葬场,为最后送终尽一分心意,此之谓"会葬"。等一切办妥之后,时间已过中午,丧家会安排招待在佛寺或素食馆吃一顿素斋。一般人只知道这是丧家为感谢亲友参与会葬的方式,很少人知道,这原是"虞"祭(下葬之后的祭祀)残存的形式。

跋：古典的回归与文化自觉

子曰：温故知新。人类历史的发展，每至偏执一端，往而不返的关头，总有一股新兴的返本运动继起，要求回顾过往的源头，从中汲取新生的创造力量。中国，如今正处在这样一个历史大转型的关头。在这样的关头，如果没有一种共同的、并能包容各种文化的价值观作为基础是很难想象的。而且，只有在一个共同的价值观上我们才能共同面对挑战，也才会有道德力量去应对世界的变化。

中国近十几年来自民间发起，逐渐发酵并至官方响应并积极作为的传统文化复兴运动，正是这样一种探究。在回归古典、寻找本源的启示中重新建构我们的伦理共识与文化认同。倡导多读古典，就是为了懂得聆听来自中华民族文化根源的声音，只有我们更加懂得向历史追问，才能够清醒地直面当世的困惑。在往圣先贤几千年来留给我们的文化资源、精神矿藏中，扩展我们的心量，从中获得历史的智慧与前行的方向。

我们深刻体悟到：要推动这项艰巨工程，在全日制中小学校常态教学中嵌入古典教育是关键。经过多年的研究、论证，邀请全国十几所高校各个研究领域的专门学人参与，最终编选了二十七册"新编国学基本教材"。从《三字经》《千家诗》等孩童启蒙读物开始,到《诗经》《论语》《左传》《孟子》《大学 中庸》《礼记》等的精研,由浅入深、循序渐进,以期一学期有一册在手,或自修、或教师讲授皆宜。当然,学古典是为了复苏我们的历史文化记忆,接续历史文化传统,其关键是在"传",而不在"统"。因此,这套"新编国学基本教材"涵盖面较广,既有儒家的经典,也有老子、庄子、墨子、荀子、韩非子等诸子思想,还有唐诗、宋词等古代文学璀璨的明珠,史学巨著《史记》《左传》等也列入选读范围。

诚然,传统文化的传承与复兴,不是一味地"复古",中国文化本来就是故去了的中国人生生创造之精神与物质的资产,在未来的行进中,中国文化也必然不是静态的、不变的,她是动态的、发展的、与时俱进的。我们希望广大使用这套国学教材的教师,能有这样的认知,在引导中小学生继承本民族既有的历史文化传统的同时,涵育他们全球化、现代化的视野与公民意识。中国文化拥有广阔的定义与视界,才能被全面欣赏与体认。

费孝通先生在晚年提出一个重要概念:文化自觉。他说:文化自觉是一个艰巨的过程,只有在充分认识自己的文化,理解并接触到其他多种文化的基础上,才有条件在这个正在形成的多元文化的世界里确立自己的位置,然后经过自主的适应,与其他文化一起,取长补短,共同建立一个有共同认可的基本秩序和一套多种文化都能和平共处、各抒所长、联手发展的共处原则。费老在他八十岁生日时还说过一句话:"各美其美,美人之美,美美与共,天下大同"。我想,这应该是当代有思想的中国人在全球化的时代背景下,继承传统历史文化中应该具有的胸襟与格局。

这套丛书由武汉大学国学院院长郭齐勇教授指导并担任总顾问。武汉大学国学院院长助理孙劲松先生、向珂博士在筹组编者队伍时提供了真诚无私的帮助。此后又蒙秋霞圃书院奠基人、历史学家沈渭滨,语言学家李佐丰,古典文献学者骆玉明、汪涌豪、傅杰、徐洪兴、徐志啸等教授在谋篇布局上的悉心指点,形成了本套"新编国学基本教材"的框架。确定框架之后,我们邀请了武汉大学、复旦大学、华东师范大学、南开大学、中国传媒大学、中山大学、内蒙古师范大学、陕西师范大学、南通大学等高校人文学科中青年学人和江浙沪地区几位优秀的中小学语文教师参与编写。

"新编国学基本教材"书名,由章汝奭先生书写;汝奭先生唯一的弟子白谦慎教授学贯中西,长年旅居海外,其书法亦承文人字传统,欣然续题新编部分教材书名;丛书封面所使用的漫画由丰子恺先生后人特别友情提供;内文中部分汉画像插画由北京大学朱青生教授提供;画家李永源先生近耄耋之年,为这套丛书手绘了数十幅插画,浙江电子音像出版社也为本丛书提供了大量精美的插画;海上国画名家邵琦教授颇有古士人之风,欣然赠画梅兰竹菊四君子,使本书又多了几分审美的趣味……这是一部寄予无量深情的作品,所有的抬爱,都源于师长们对于中华文化的敬意与温情,在此深挚致谢。

本套丛书2013年1月由浙江古籍出版社首次出版。2015年由华东师范大学出版社再版。此次经过修订、重编,第三版由上海财经大学出版社出版。一套纯粹由民间力量发起的国学普及读物得以三次出版,在一定程度上说明出版社与读者朋友对这套书的肯定。在此,向浙江古籍出版社、华东师范大学出版社、上海财经大学出版社和读者朋友们表示感谢!

由于主持者与编者的学识有限,尽管悉心编校,但不足之处难免,敬请方家、读者指正。以便来年修订时,相应校正。

　　差错和建议可致电:021－66366439,13816808263。通信地址:上海市嘉定区南大街嘉定孔庙秋霞圃书院,邮政编码:201899,电子邮件:qiuxiapu@163.com。

李耐儒

戊戌孟夏于嘉定孔庙

不信試看千萬樹東風著
便成去
青藤小意
聽賢書屋鄧琦

也知造物有知己故遣
佳人在空谷
東坡先生句
䕺桂書屋䎦 琦𥡦於海上

野色入高秋寒影趣
湖水日平晚風涼清為
詩起 板橋 道人句 馨書屋聊擬鄭板橋筆意

一卷離騷消冗雨幾枝霜
菊共秋寒雨田先生句
藝賓書屋鄧綺